U0692187

余智鹏
编著

DeepSeek
极简入门实用手册

人民邮电出版社
北 京

图书在版编目（CIP）数据

DeepSeek 极简入门实用手册 / 余智鹏编著. -- 北京：
人民邮电出版社, 2025. -- ISBN 978-7-115-66837-0

I. TP18-62

中国国家版本馆 CIP 数据核字第 2025ND2015 号

内 容 提 要

这是一本专为人工智能技术爱好者及职场人士量身打造的 DeepSeek 操作教程，旨在通过翔实的案例分析与实操步骤讲解，帮助读者全面掌握 DeepSeek 的多项核心功能及其在办公自动化、设计创作、新媒体运营等领域的应用方法。

全书采用"按需调用功能"的方法论，以具体任务需求为导向，系统地介绍了 DeepSeek 的多样化功能模块。内容涵盖多个典型应用场景，包括本地部署、职场办公流程优化、新媒体内容运营和知识库系统搭建等。每个场景都聚焦于关键技术与实用操作技巧，力求帮助读者快速上手并高效应用。此外，书中还特别讲解了提示词优化策略和多轮对话交互技巧，以进一步提升用户与 DeepSeek 的协作效率。

本书不仅适合作为希望深入研究人工智能技术的开发者与职场人士的工具书，还适合作为高校和培训机构的教学参考用书。全书内容基于 DeepSeek 最新版本编写，所涉及的技术均为人工智能领域的主流方法，对软件版本要求较低，读者可不受版本限制地进行学习与实践。

◆ 编　著　余智鹏
　 责任编辑　王　冉
　 责任印制　陈　犇

◆ 人民邮电出版社出版发行　　北京市丰台区成寿寺路 11 号
　 邮编　100164　　电子邮件　315@ptpress.com.cn
　 网址　https://www.ptpress.com.cn
　 临西县阅读时光印刷有限公司印刷

◆ 开本：700×1000　1/16
　 印张：7.5　　　　　　　　　　　2025 年 7 月第 1 版
　 字数：169 千字　　　　　　　　　2025 年 7 月河北第 1 次印刷

定价：28.50 元

读者服务热线：(010)81055410　印装质量热线：(010)81055316
反盗版热线：(010)81055315

前言

　　将时钟拨回到2025年春节。当返乡列车满载游子们的殷切期盼驶离站台时，一场无声的数字"大地震"正悄然在信息科技领域展开。"帮我调整三行代码""为客户撰写一封婉拒邮件""策划一个穿越题材的短视频脚本"——那些曾经让我们对着电脑屏幕无从下手的难题，突然间在微信朋友圈中化作了由"小蓝鲸"头像引领的"一问一答"。

　　作为各类AI产品的深度用户，我至今清晰记得3年前初次接触ChatGPT时感受到的那种震撼：一种夹杂着欣喜与不安的颠覆感。然而，当GPT-4的参数量突破万亿级门槛，当科技巨头们的赛道越发专业化时，普通人或许并不需要深入理解Transformer架构的原理，而是渴望拥有一把能够开启AI宝库的钥匙。这正是DeepSeek让我眼前一亮的原因——这一承载着中国工程师智慧的大语言模型，凭借更贴近中文语境的表达方式和更符合本土使用场景的功能设计，让"高科技"真正成为大众生活的"得力助手"。

　　在撰写本书的三个月中，我逐渐意识到一个令人忧虑的问题：认知上的断层。有些人将AI视作万能的"算命先生"，并盲目崇拜；有些人因两三次无效对话便轻率地断言"人工智能不过是人工智障"。更为普遍的现象是，那些本可以改变命运的创意火花，往往因为"不知道如何清晰描述需求"而在茫然中熄灭。

　　翻开这本书的你，或许正在早高峰的公交车上为职场转型而焦虑，或许正为辅导孩子作业而发愁，抑或心中怀揣着一个搁置多年的创作梦想。无论你身处何种境遇，我希望这只名为DeepSeek的智慧"小蓝鲸"能够成为你探索新世界的引航者——毕竟，人工智能最温暖的意义始终在于"帮助人"而非"取代人"。

　　当窗外玉兰树的新芽抽出时，我完成了最后一章的修订。如果你在阅读时仿佛闻到了油墨香中透出的咖啡气息，那是我特意保留的一份生活仪式感：技术之所以充满诗意，正是在于它能让每一位普通人从容拥抱未来。

余智鹏（小胖设计笔记）

2025年5月

目录

目录

第 **1** 章

AI助手新物种：
DeepSeek养成指南

1

1.1 揭秘"王炸级"AI工具

2025年初，DeepSeek在全球科技界引发轰动。这款来自中国企业的人工智能产品以一记重拳震撼了整个科技界。这次事件的影响有多大，仅从一个细节即可窥见：在DeepSeek新模型发布后的短短48小时内，被誉为"人工智能教父"的英伟达股价暴跌17%，创下近五年来的最大跌幅。

作为长期从事人工智能领域研究的笔者，不禁要问："究竟是什么样的技术突破，能够让一直占据科技领域制高点的美国巨头们如此震惊？"正是这个问题促使笔者深入探究了DeepSeek的技术核心，而笔者的发现远比预期更加令人惊叹。下面让我们一起揭开DeepSeek的神秘面纱。

1.1.1 DeepSeek是什么，为什么突然"爆火"

DeepSeek公司成立于2023年，公司团队主要由中国本土优质大学毕业的博士组成，而真正让DeepSeek声名鹊起的是DeepSeek-R1模型。作为一款真正意义上的国产大模型，DeepSeek-R1具有里程碑式的意义。

DeepSeek的成就令人震撼。其突破性进展主要体现在3个方面，每一个都足以引起业界的瞩目。

成就1：成本的突破。DeepSeek-V3模型的训练成本仅约600万美元，这个数字看似不小，但要知道，目前业界标杆GPT-4的训练成本是它的20倍！更令人惊叹的是，DeepSeek团队仅用两个月就完成了训练过程。这不仅是效率的提升，更代表着AI发展范式的转变——从依赖海量算力的"暴力计算"，转向更注重知识提炼和智能优化的新模式。

成就2：性能的显著提升。2025年1月发布的DeepSeek-R1在8项核心测试中的表现出色，综合得分竟然高出OpenAI的最新模型3.2%。这个成绩的分量，业内人士都心知肚明。

成就3：技术的创新。DeepSeek-R1采用了自主研发的MoE-Transformer混合架构，在保持16K Tokens上下文窗口的同时，将能耗降低了35%。更重要的是，他们选择了开源的发展路线。这个决定不仅使市场对英伟达H100芯片的需求预期骤降40%，更开启了AI民主化的新篇章。

这些成就标志着一个新时代的到来，那就是AI技术不再是少数科技巨头的"专利"，而开始走向更加开放、包容性更强的发展道路。

1.1.2 "秒懂"DeepSeek的核心技术

在学习如何使用DeepSeek之前，首先应该了解DeepSeek的工作原理及其核心技术。目前，AI模型的训练实际上分为两个关键阶段。

阶段1：预训练。这就像打地基一样重要。在此阶段，模型需要处理海量数据，将知识压缩到数以亿计的参数中。这个过程不仅需要庞大的计算资源，还需耗费相当长的时间。像DeepSeek-V3和GPT-4这样的模型，都经历了这个必要的"修炼"过程。

阶段2：只有预训练还不够，为了让AI真正具备解决复杂问题的能力，业界通常采用两种方法，即SFT（监督微调）和RL（强化学习）。提到SFT，笔者不得不提一个业界的痛点——"天下苦SFT久矣"。之所以这么说，是因为SFT需要大量高质量的标注数据，这个过程不仅耗时费力，还异常昂贵。幸运的是，在2024年2月，DeepSeek团队带来了一个突破——GRPO（群体相对策略优化）算法。它完全改变了游戏规则，特别是基于GRPO开发的DeepSeek-R1-Zero模型，创造了一个惊人的纪录：在AIME 2024测试集上，得分从15.6%一举提升到了71.0%。

更令人惊艳的是R1-Zero展现出的"顿悟时刻"。就像人类学习时突然开窍一样，这个模型能够自主发现并纠正之前的推理错误。这不仅是简单的性能提升，而是向真正的AGI（通用人工智能）迈出的一大步。

当然，DeepSeek的成功不是偶然的。创始团队采用了一套精心设计的训练策略，就像建造摩天大楼需要精确的施工计划一样，从冷启动、强化学习到最终进化，每个阶段都经过深思熟虑。这种方法不仅提升了模型性能，还大幅降低了训练成本，为整个AI行业开辟了一条新路径。

1.1.3 新手必须知道的基础知识

在开始使用DeepSeek之前，先要了解一些基础概念。就像学开车要先认识方向盘和脚刹一样，了解这些概念能帮助读者更好地使用AI工具。下面用简单的语言来解释这些看似复杂的术语。

1. 生成式人工智能

生成式人工智能（Artificial Intelligence Generated Content，AIGC）描述了一个简单的概念：由人工智能生成内容。它如同一位多才多艺的助手，可以协助我们完成各种创作任务。

在文字创作方面，它能够撰写文章、编写故事、进行翻译。

在图像处理方面，它可以绘制插画、设计海报。

在音频制作方面，它能够制作音乐、生成语音。

在视频制作方面，它可以剪辑视频、添加特效。

对于个人创作者或小企业而言，AIGC就像是一个全能的创意团队，大大降低了内容创作的门槛。

2. 自然语言处理

自然语言处理（Natural Language Processing，NLP）这项技术犹如在人类语言与计算机之间架设的一座桥梁。设想我们日常交流的场景：我们能够轻松理解彼此的言外之意，感受彼此说话的语气，甚至领会彼此话语中的幽默。要让计算机理解这些人类习以为常的语言交流，就需要NLP技术的支持。正是依靠NLP，DeepSeek这样的AI助手才能理解我们的问题，并以自然的方式作出回应。它不仅能够理解字面意思，还能根据上下文做出恰当的回应，表现得就像一个善解人意的对话伙伴。

3. Token

Token是AI处理文本的基本单位，就如同人类阅读时的字词。例如，在处理英文时，"I love you"通常会被分解为3个Token；在处理中文时，"我爱你"也会被分解为3个Token。理解Token的概念至关重要，因为它决定了AI一次能够处理的内容量。这类似于一个容器，其容量是有限的。当我们使用AI工具时，如果输入内容超出Token的限制，可能就需要将其分多次输入。

4. 提示词

提示词（Prompt）是与AI交流的核心。它类似于我们向AI发出的指令，指令越清晰具体，得到的结果就越符合预期。一个优质的提示词应包含明确的要求、必要的细节及合理的结构。例如，不要仅仅说"写一篇文章"，而是要详细说明文章的主题、长度、风格和目标读者群体。如此，AI才能更准确地理解需求，并提供令人满意的结果。

5. 参数和温度

参数（Parameter）和温度（Temperature）是控制AI表现的重要指标。参数数量可以理解为AI的"认知容量"，通常参数越多，AI的能力可能越强。温度则控制着AI生成内容的创造性。较高的温度值会使AI的回答更具创意，但可能不够准确；较低的温度值则会使回答相对保守和稳定。在使用时，我们可以根据需求调整这些设置。

6.上下文窗口

上下文窗口（Context Window）决定了人工智能能够"记住"多少先前的对话内

容。这类似于人类的短期记忆，具有容量限制。当对话超出这个限制时，人工智能就会"遗忘"之前的信息。因此，在长时间的对话中，最好适时总结关键点，以确保重要信息不会丢失。

7. 幻觉

幻觉（Hallucination）是用户在使用AI工具时常提及的AI的"幻觉"现象。与人类的想象力有时会脱离现实类似，有时，AI也会生成一些看似合理，但实际上不准确的内容。因此，在使用AI工具生成的内容时，需要保持适度的怀疑态度，并对重要信息进行核实。

8. 深度学习

当前AI发展的核心技术就是深度学习（Deep Learning）。深度学习技术模拟人类大脑的神经网络结构，通过对海量数据的学习来提升AI的能力。这就像一个孩子通过不断学习和实践来掌握新技能。例如，像DeepSeek这样的AI助手，正是通过深度学习技术，"学习"了大量文本数据，从而能够理解用户的问题并提供适当的回答。这种学习方式使AI具备了理解语言、解决问题，甚至创作内容的能力。

9. 大语言模型

大语音模型（Large Language Model，LLM）是近年来AI领域重要的突破之一。它犹如一位博学多才的助手，通过学习海量文本数据，掌握了广泛的知识和技能。DeepSeek便是一个典型的大语言模型。这类模型不仅能够理解和生成文本，还能够进行推理、解答问题、编写代码等多样化任务。其强大之处在于能够理解上下文，并根据具体情况提供相应的回答。

10. 多模态

AI处理多种类型信息的能力被称为多模态（Multimodal）。就像人类能够同时理解图像、声音和文字一样，多模态AI也能够处理不同形式的数据。例如，有些AI助手不仅能够理解文字，还能识别图片并生成图像，这正是多模态能力的体现。这种能力使得AI工具的功能更加全面，能够处理更复杂的任务。

11. 机器学习

机器学习（Machine Learning）是人工智能系统获取知识的一种方式。与传统编程不同，机器学习使人工智能系统能够通过数据来学习规律和模式。与人类通过经验进行学习类似，人工智能系统通过分析大量实例来掌握特定技能。例如，人工智能通过学习大量对话数据，逐渐掌握了与人类进行自然对话的能力。

12. 语义理解

语义理解（Semantic Understanding）指AI在理解语言的真实含义时，不局限于字面意思，还会结合上下文、语气和潜台词。例如，当我们说"这餐厅真高级"时，根据具体的语境和语气，这句话可能是在赞美，也可能是在讽刺。AI需要通过语义分析来准确把握说话者的真实意图。

理解这些基本概念可以让我们更好地利用AI工具，明确其能力和局限性。随着使用经验的增加，这些概念将变得愈加清晰，我们也能够更加熟练地运用AI工具。

1.2 开启AI之旅：从零起步的入门指南

在掌握了人工智能基础知识后，我们就可以正式开始探索DeepSeek的使用之旅了。作为一个功能强大的AI助手，DeepSeek不仅具备大语言模型的卓越特性，还具备其独特的优势。接下来将通过简明易懂的方式，逐步解析DeepSeek的各项功能和使用技巧。无论是希望利用它来辅助工作、学习，还是激发创意灵感，这些实用指南都能帮助读者更好地掌握AI助手使用方法。

1.2.1 注册和登录

DeepSeek为用户提供了多样化的使用方式，用户可以通过其官方网站直接在线使用，也可以在移动设备上访问。此外，它还提供完整的模型代码供开发者下载和本地部署。对于大多数用户而言，官方网页版是比较便捷的选择。因此，下面将重点介绍如何使用DeepSeek的官网对话界面，以帮助读者快速掌握强大的AI助手使用方法。

01 在搜索引擎网页上的搜索框中输入"DeepSeek"，找到"DeepSeek|深度求索"的官方网页并进入，如图1-1所示。

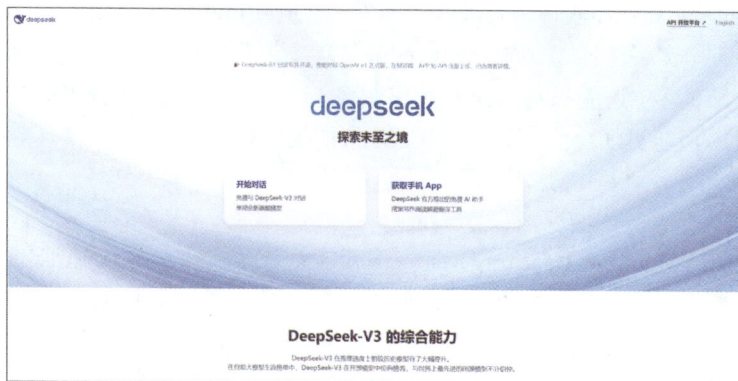

图1-1

02 单击"开始对话"按钮，进入"登录"页面，目前可以使用微信、手机号码和邮箱进行注册并登录，还可以使用微信扫码登录，如图1-2所示。

图1-2

1.2.2 界面功能和基础配置

进入对话界面后，可以看到DeepSeek的界面比较简洁，如图1-3所示。注意，由于系统更新较频繁，界面布局可能会有细微变化，请以实际为准，但功能和操作逻辑不变。

图1-3

DeepSeek界面组成及功能如下。

①对话记录栏：所有的对话记录都会保存在这个位置，如果需要寻找之前的聊天记录，可以在这里查看。

②个人信息栏：这里包含系统设置、删除所有对话和退出登录的设置，在"系统设置"中可以对语言和主题进行设置，如图1-4所示，也可以在"账户信息"选项卡中对自己的账号进行注销。

图1-4

③输入框：在该输入框内可以选择R1模型和联网搜索功能。目前默认的模型是V3模型。V3模型专注于通用对话与内容生成，其优势在于语言的流畅性与创造性。R1模型则是深度推理专家模型，通过强化学习与自动评分机制，增强了数学、编程和逻辑推理能力，突出严谨的思维链与可解释性表现。简而言之，V3模型更擅长聊天，R1模型更擅长解题。另外，还可以单击回形针图标 ◎ 上传文档或图片，目前最多可以上传50个文件，每个文件的大小限制在100MB以内。

技巧提示 **如何写提示词**

DeepSeek作为AI工具，其操作核心也是提示词。如果想了解DeepSeek标准的提示词写法，建议查看官方的提示词文档，其中包含大量可用的提示词模板。下面将帮助读者找到隐藏的官方文档入口，读者可以用这个方法进行其他操作。

（1）单击官网首页右上角的"API开放平台"链接，如图1-5所示，进入API的后台管理界面。

图1-5

（2）单击左下角的"常见问题"选项，如图1-6所示，可以进入官方的模型介绍页面。

图1-6

（3）单击左侧的"提示库"选项，如图1-7所示，可以查看官方提供的提示词内容，如图1-8所示。

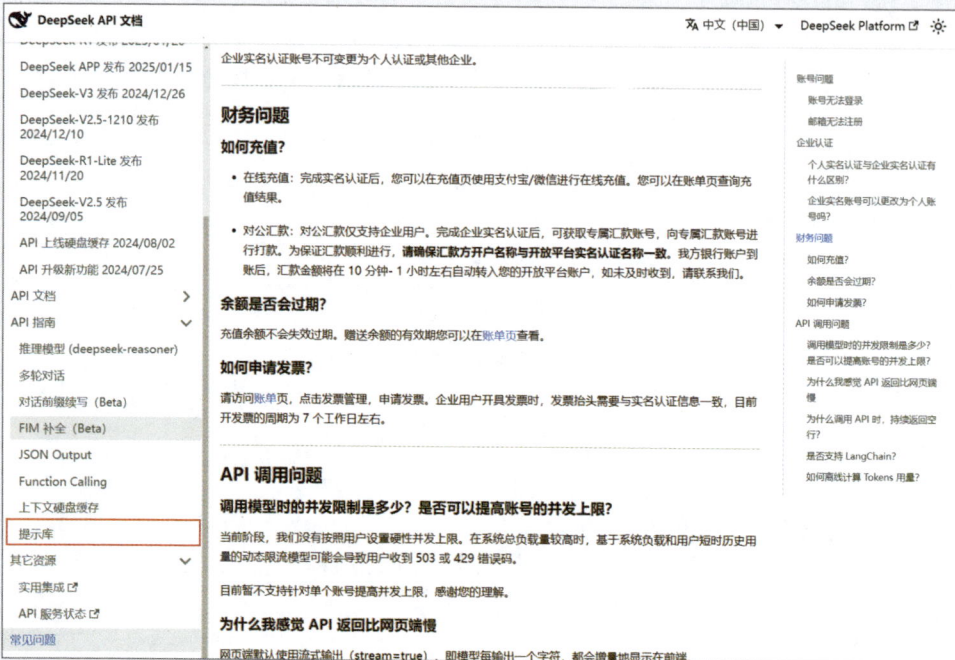

图1-7

图1-8

第 **2** 章

快速本地部署
DeepSeek

2

2.1 本地AI助手养成计划

DeepSeek有一个非常引人注目的特性，那就是其开源属性。这意味着任何人只要具备足够的计算资源，就可以在自己的设备上运行完整的DeepSeek模型。在部署后可以完全免费使用，这对许多依赖人工智能技术的企业用户来说极为友好。特别是在某些特殊场景中，例如，对于需要处理敏感数据、追求更快的响应速度，或者希望完全掌控模型的用户而言，本地部署是一个更优的选择。本地部署类似于将一位AI助手请到自己家中，专属于自己，无须担心网络延迟或服务器拥堵的问题。

接下来将以通俗易懂的方式详细讲解如何在本地搭建和运行DeepSeek。不要被技术术语吓到，笔者会将每个步骤分解得清晰明了。即使读者不是专业的技术人员，只要按照指南逐步操作，也能成功部署属于自己的DeepSeek。

2.1.1 企业级用户：本地部署DeepSeek

DeepSeek自发布以来便广受关注，吸引了大量用户前往官网体验这款全新的人工智能助手。然而，激增的访问量对服务器造成了巨大压力，导致响应速度变慢，甚至出现服务中断的情况。因此，本地部署成为一个理想的替代方案。然而，本地部署DeepSeek对硬件要求较高，特别是显卡性能。DeepSeek提供多种模型版本，参数规模从1.5B到671B不等（B代表10亿参数），如DeepSeek-R1等。通常，参数量越大，模型能力越强，但对硬件性能的需求也会相应提高。

主流的RTX 4060显卡（8GB显存）在量化后仅能运行约8B参数的模型，而官方线上671B的模型则需要更高端的硬件支持。这种参数与硬件需求之间的关系解释了为何本地部署并不是普通用户提升访问速度的完美解决方案。选择合适的模型版本需要在性能和硬件限制之间找到平衡。表2-1提供了一份清单，帮助读者根据计算机配置下载相应的模型。

表2-1

项目	小型模型	中型模型	完整模型 (671B)
用途	基本对话、轻量任务（如文本生成、问答）	代码生成、复杂推理	前沿研究、超大规模任务
参数量	1.5亿~80亿	140亿~700亿	6710亿（MoE，每个oken激活37亿）

续表

项目	小型模型	中型模型	完整模型 (671B)
最低配置			
CPU	4核（如Intel i5/i7 10代或 AMD Ryzen 5）	8核（如Intel i9 11900K或AMD Ryzen 9 5900X）	16核服务器级（如AMD EPYC 7313或Intel Xeon Gold）
内存	16GB（推荐32GB）	64GB（14B需30～40GB，70B需 50～60GB）	256GB（推荐512GB）
GPU	可选，英伟达GTX 1660（6GB VRAM）	英伟达RTX 3080（10GB VRAM）或3090（24GB VRAM）	4个英伟达H100/A100（80GB VRAM）
存储	20GB SSD（模型 2～10GB）	100GB SSD（模型20～40GB）	1TB+ NVMe SSD（模型约 700GB未量化）
推荐配置			
CPU	8核（如Intel i7 12700或 AMD Ryzen 7 5800X）	12核（如Intel i9 12900K或 AMD Ryzen 9 7950X）	AMD双路EPYC 7D12（32核64 线程）或更高
内存	32GB	128GB	512GB～1TB DDR4/DDR5
GPU	英伟达RTX 3060 （12GB VRAM）	英伟达RTX 4090（24GB）或 A100（40GB，多GPU）	8～20张英伟达H100/A100（总 VRAM约1.5TB）
存储	50GB SSD	200GB NVMe SSD	2TB+ RAID0 NVMe阵列（读 取速度为40GB/s及以上）
推理速度	5～10 Token/s（普通 硬件）	10～20 Token/s（量化+GPU）	视配置，需多GPU并行
成本估算	5000～8000元（家用 PC）	2万～3万元（二手工作站+ RTX 3090）	50万～100万元（服务器集群）
量化选项	FP16/INT8（降低 VRAM需求）	INT8/4-bit（70B降至 20～30GB VRAM）	2-bit（如Q2_K_L,200GB及以 上 VRAM）
适合人群	普通用户、初学者	开发者、中高级用户	专业研究人员、企业
软件环境	Python 3.8及以上、 PyTorch、Ollama	Python 3.8及以上、vLLM、 LMDeploy	PyTorch、分布式框架（如 DeepSpeed）
特点	家用PC即可运行，易 上手	需GPU加速，推荐量化部署	普通用户无法实现，建议用 API

　　经过上述学习，相信读者已经了解了本地部署大模型所需的计算机配置。接下来，需要使用工具来部署大模型。目前，本地部署大模型的方法分为两种，一种是较

为简单的GPT4All部署，另一种是较为复杂的Ollama部署。

1. GPT4All部署

01 在网上搜索GPT4All的官网，然后单击官网右上角的Download按钮，如图2-1所示，下载对应的客户端，GPT4All支持Windows、macOS，以及Linx的Ubuntu。

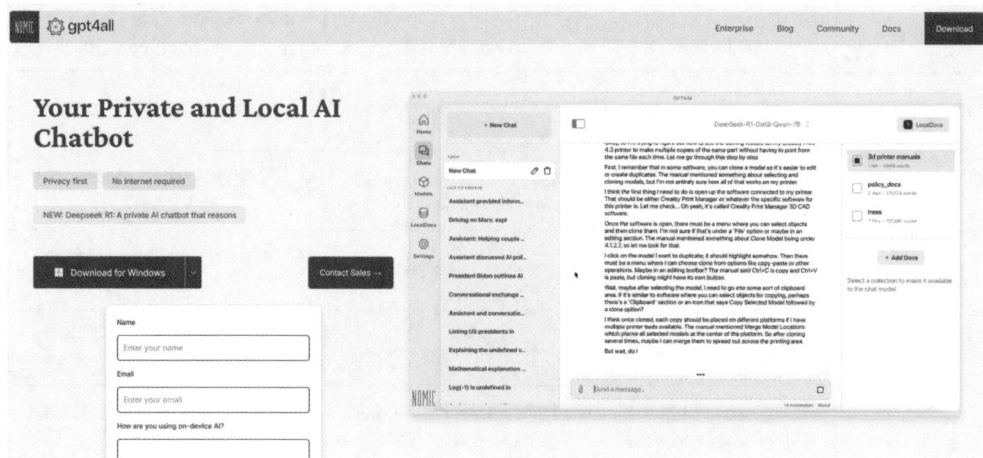

图2-1

02 下载并安装GPT4All客户端后，默认情况下界面为中文。在左侧边栏单击"模型"按钮，然后选择"添加模型"。在此界面中，不仅可以找到DeepSeek-R1模型，还可以找到其他大语言模型。此外，GPT4All还支持在Hugging Face上搜索相应的模型。模型下载界面如图2-2所示。

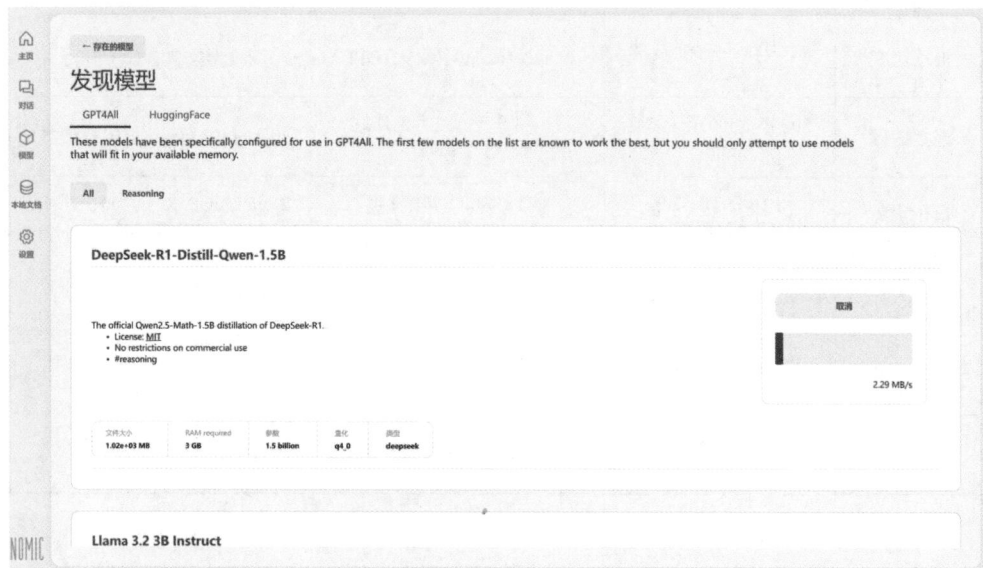

图2-2

03 在对话页面中，单击顶部的模型切换列表，即可找到要下载的DeepSeek-R1模型，如图2-3所示。注意，此处使用的是"蒸馏"版的1.5B模型，其性能虽低于官网的大模型，但效率更高。

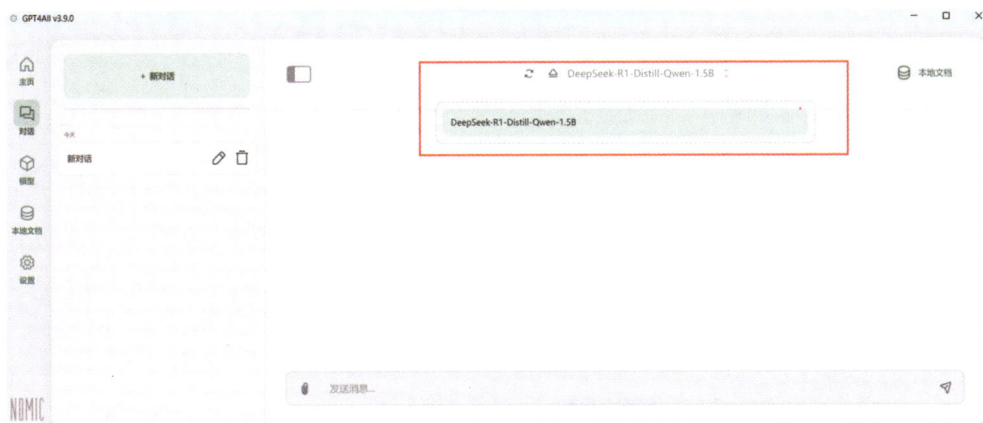

图2-3

GPT4All本地部署模型相对而言更加简便且友好，所有操作均可在一个界面内完成。

2. Ollma部署

下面介绍Ollama部署方式，其最多支持671B的模型部署，通常用于企业级大模型部署。

01 在网上搜索"Ollama模型"，进入官方网站，如图2-4所示。

图2-4

02 在官网搜索"DeepSeek"（大小写均可）模型，可以找到最大671B的DeepSeek-R1
模型的下载链接，如图2-5所示。

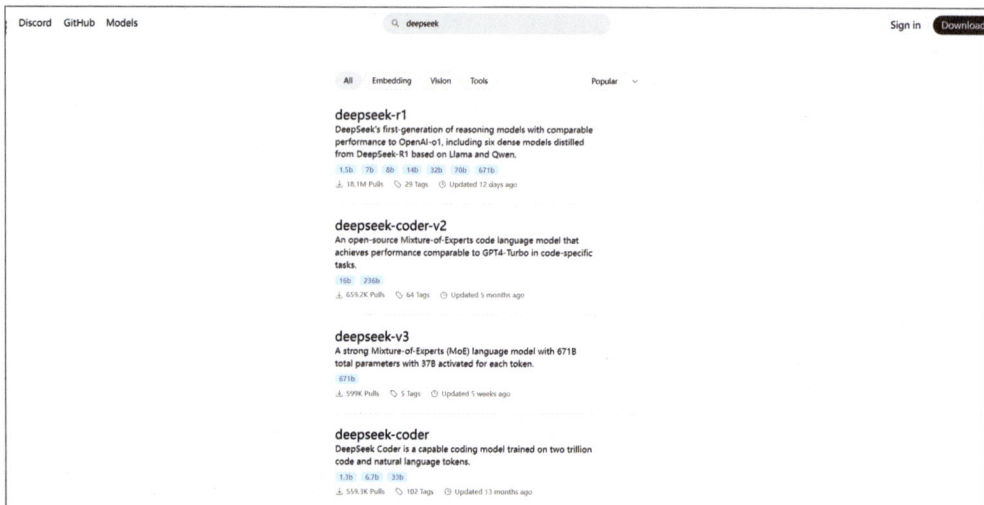

图2-5

03 在模型下载页面中，可以查看模型的简介和切换模型的大小，如图2-6所示。这里
依旧选择最快部署的1.5B进行演示，读者可以根据实际需求选择模型。

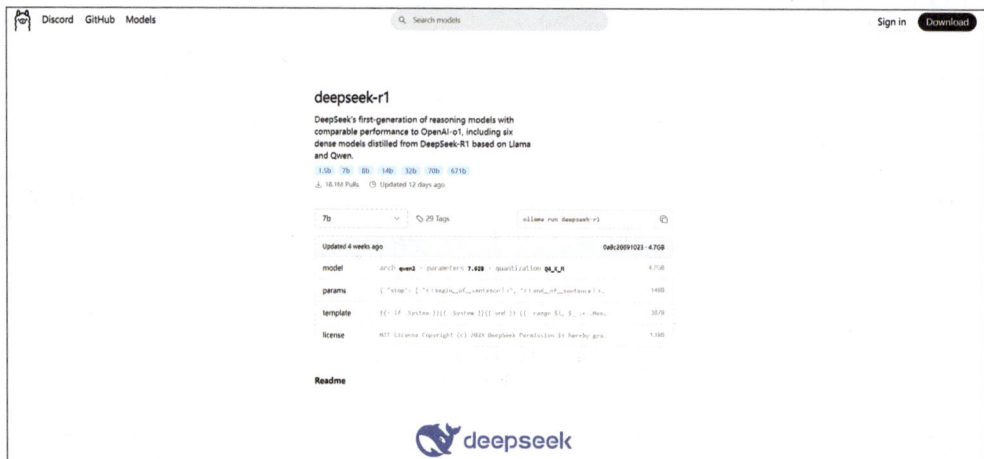

图2-6

04 找到切换模型大小列表旁的命令行代码，选择并复制。因为Ollama不支持可视
化界面，所以需要在命令行中输入代码来安装DeepSeek。在计算机的搜索框中输入
"cmd"，打开命令行窗口，然后粘贴刚才复制的命令行代码，如图2-7所示。当安装进
度达到100%时，便可以进行下一步操作。注意，无论是Windows用户还是macOS用
户，都可以通过命令行进行操作。

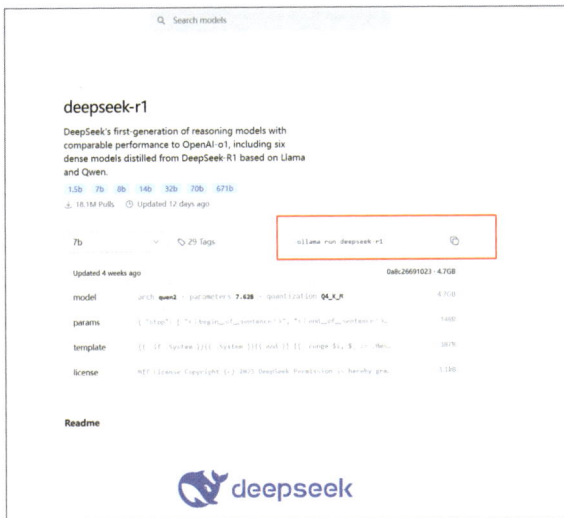

图2-7

05 考虑到日常操作的便利性，命令行对话显然不是一个理想的选择，因此需要借助一个用户友好的图形用户界面来操作模型。笔者推荐使用谷歌浏览器的插件来实现这一目标。进入谷歌应用商店，即"chrome应用商店"，搜索并安装"Page Assist"浏览器插件，如图2-8所示。

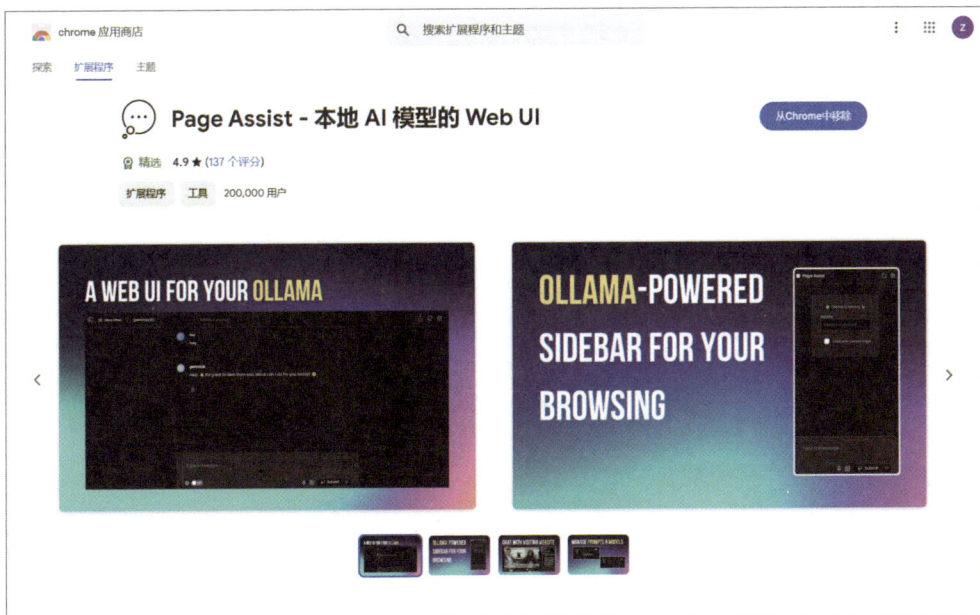

图2-8

06 在谷歌浏览器中找到Page的扩展程序，单击即可进入用户界面，单击顶部的模型切换列表，就可以找到在命令行中安装的DeepSeek-R1大模型了，如图2-9所示。

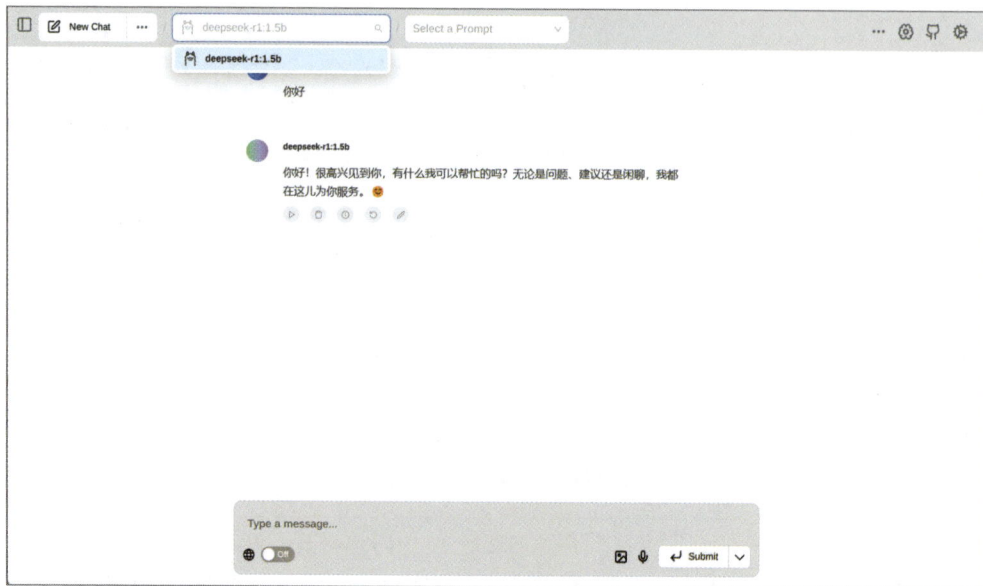

图2-9

对于初学者而言，这两种本地部署方式相对安全且运行稳定。即便在离线状态下，本地部署的模型仍然能够快速运行。

2.1.2 普通用户：满血版R1，用API一分钟部署DeepSeek

对于普通用户而言，在本地完整部署DeepSeek高级模型存在显著的现实障碍。毕竟，为了体验满血版DeepSeek，投入上百万元购置专业级服务器集群显然不切实际。那么，有没有什么方法能让普通配置的计算机也享受到高性能的DeepSeek体验呢？答案是肯定的——通过API接口进行部署。

笔者强烈建议普通用户考虑API部署方案来创建个人专属的DeepSeek智能助手。虽然API调用方式涉及一定的数据传输过程，可能让人在隐私方面有所顾虑，但对于大多数个人用户来说，这通常不会成为主要考量因素。更重要的是，通过API部署的DeepSeek智能体不仅能够达到与官方完整版相当的智能水平，在响应速度上还可能超越官方网站，为用户提供更流畅的交互体验。

这种"轻量级"部署方式在保持高智能性的同时，有效解决了硬件限制的难题，为普通用户提供了接近专业体验的可能性。

1. 创建API

寻找一个合适的云服务器供应商，国外的供应商是OpenRouter，国内的供应商是SILICONFLOW（硅基流动）。用户可以通过网络搜索，找到这两个官方网站，如图2-10所示。

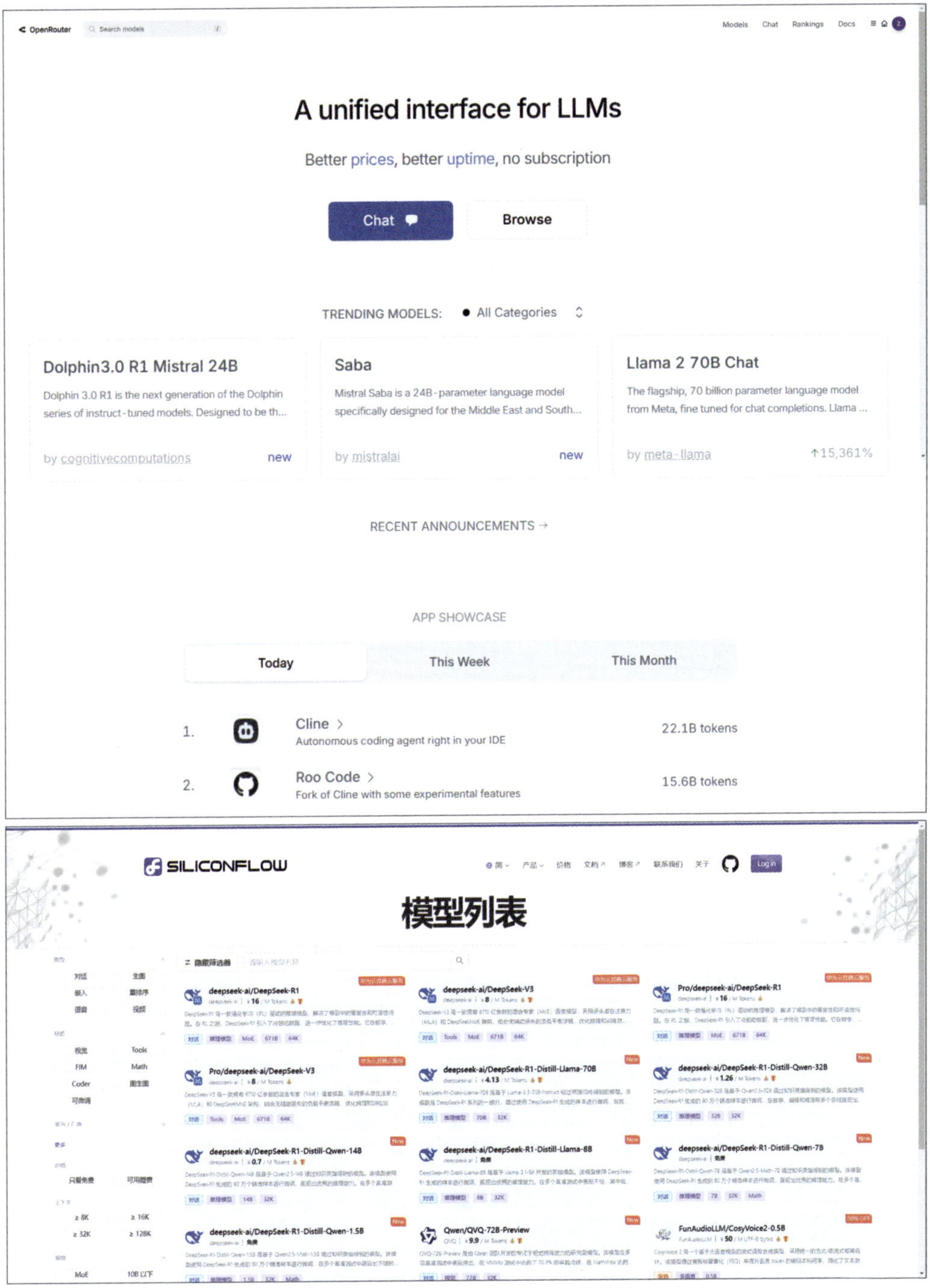

图2-10

01 在网站中创建API密钥。下面分别介绍OpenRouter和硅基流动这两个网站创建API的流程。打开OpenRouter官网，在搜索框常用搜索结果的下拉列表中找到DeepSeek-R1（free）模型，如图2-11所示。

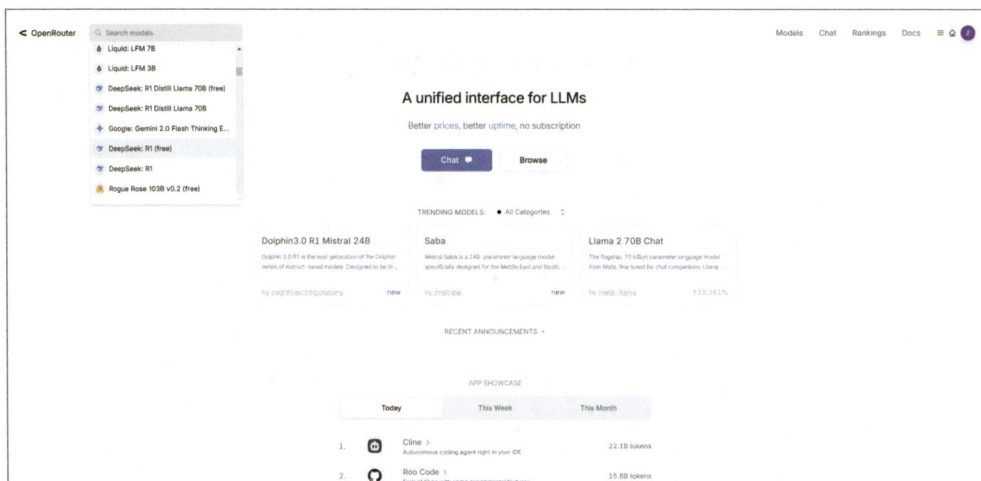

图2-11

02 单击并进入，可以看到云服务商免费提供了DeeepSeek-R1的API，单击API选项可以创建一个专属API密钥，如图2-12所示。

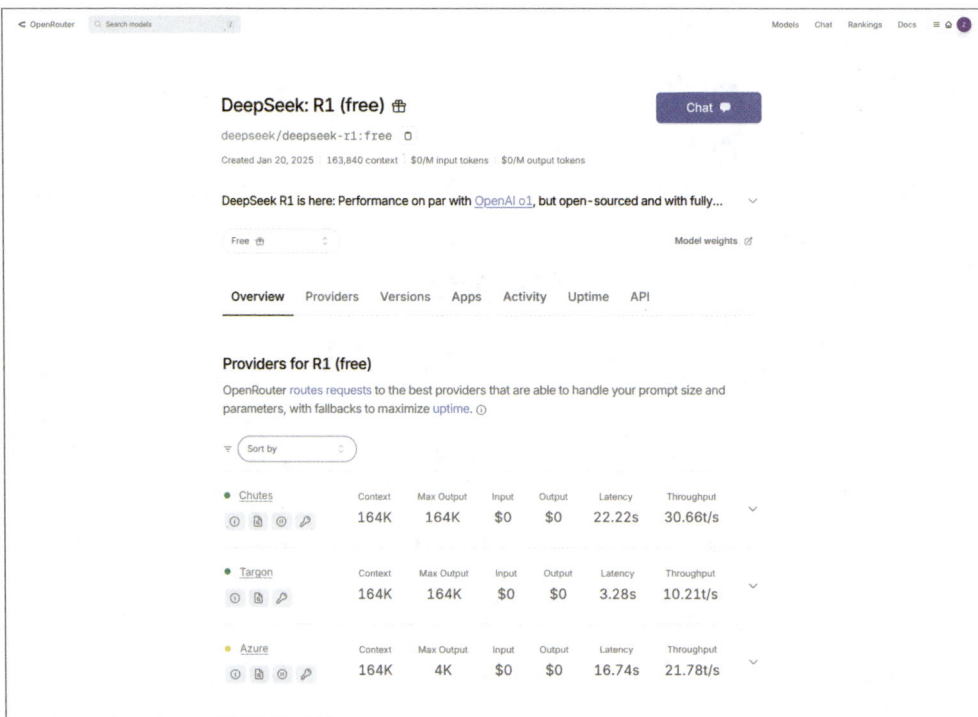

图2-12

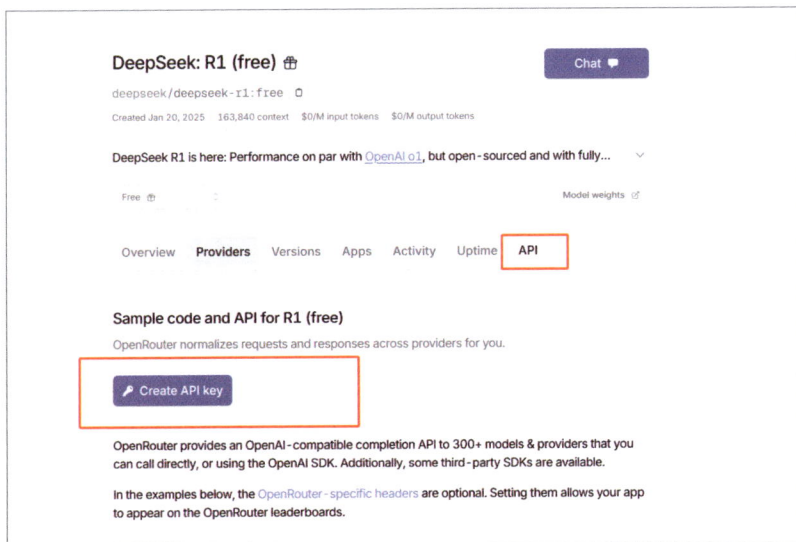

图2-12（续）

03 单击"Create API key"按钮即可创建API，在"Name"栏中输入任意名字，如"xiaopang"，然后单击"Create"按钮，这时会弹出一个窗口，显示电子密钥，如图2-13所示。复制密钥，关闭窗口，API就创建成功了。

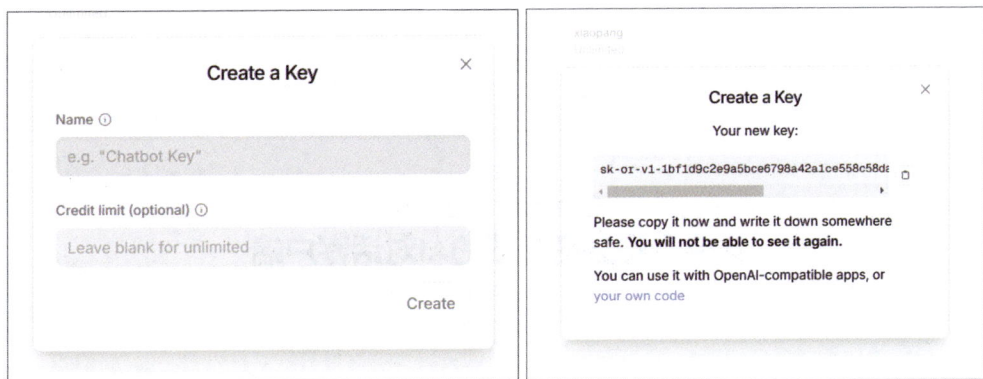

图2-13

04 通过硅基流动创建API密钥更简单、直观，单击左侧的"API密钥"选项，然后单击"新建API密钥"按钮，输入密钥名称，即可成功创建硅基流动的API密钥，如图2-14所示。

图2-14

2. 调用API资源

获取第三方服务器厂商提供的API后，还需要找到一个可以调用API的客户端，这里推荐使用开源软件Cherry Studio来调取API资源，如图2-15所示。

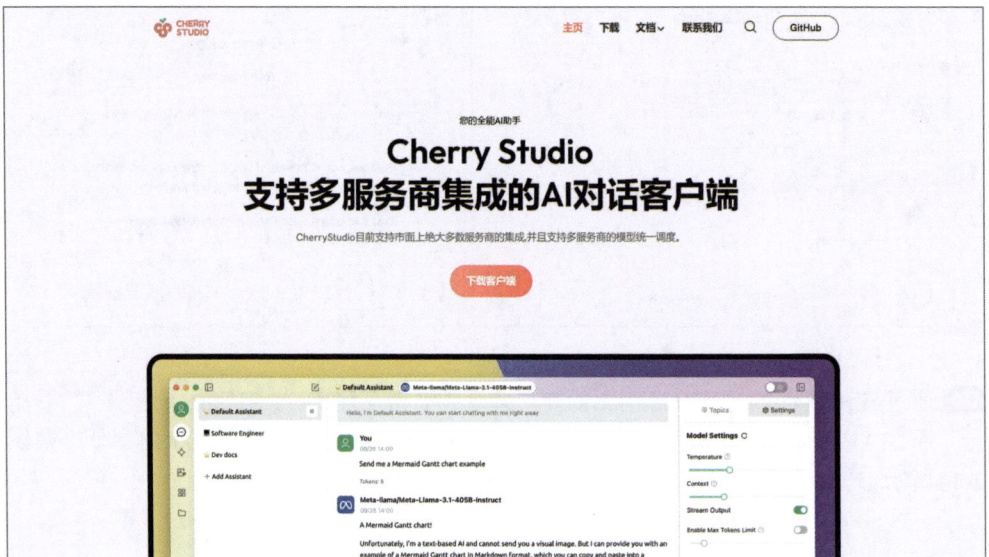

图2-15

01 进入客户端的设置界面，选择对应的服务器厂商并粘贴对应的API密钥，然后粘贴模型的ID，完成模型的添加，如图2-16所示。

图2-16

02 回到云服务器的官网寻找对应的模型ID，OpenRouter的模型ID即API密钥的介绍性文字，硅基流动的模型ID即首页模型的名称，如图2-17所示。获取后按照步骤01中的说明进行操作，即可成功添加模型。

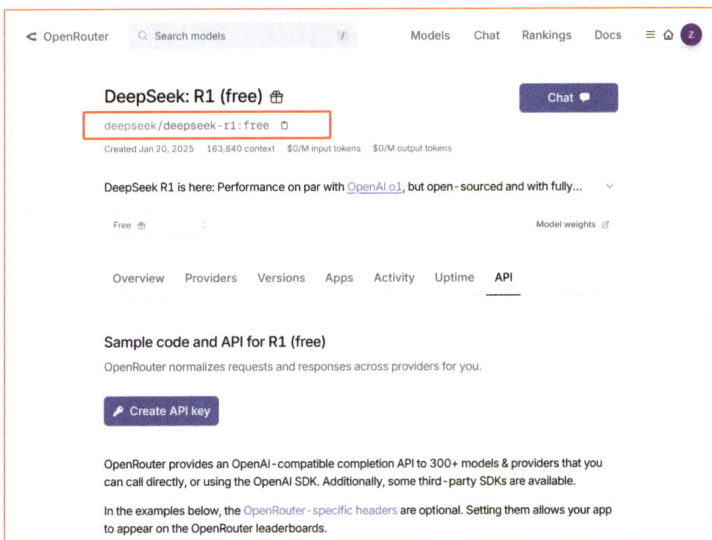

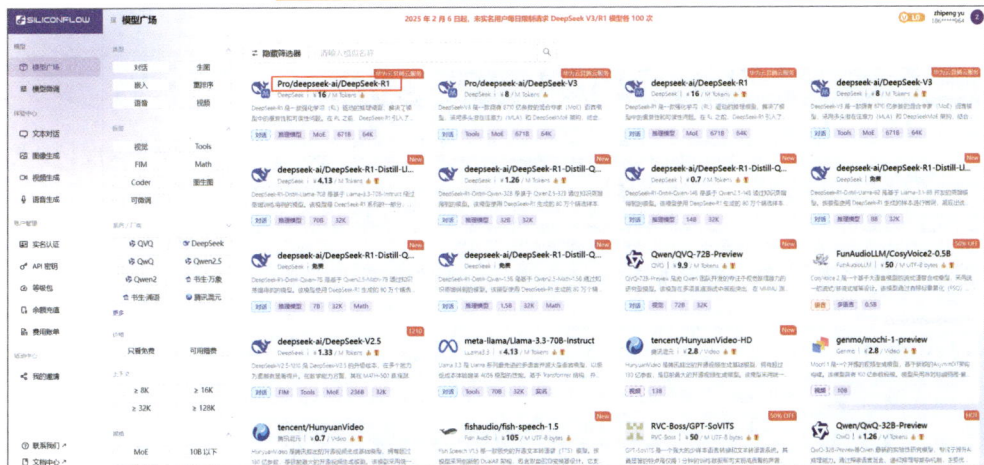

图2-17

03 在Cherry Studio中，打开"助手"聊天页面，单击顶部切换模型的列表，可以看到已接入的DeepSeek大模型，如图2-18所示。

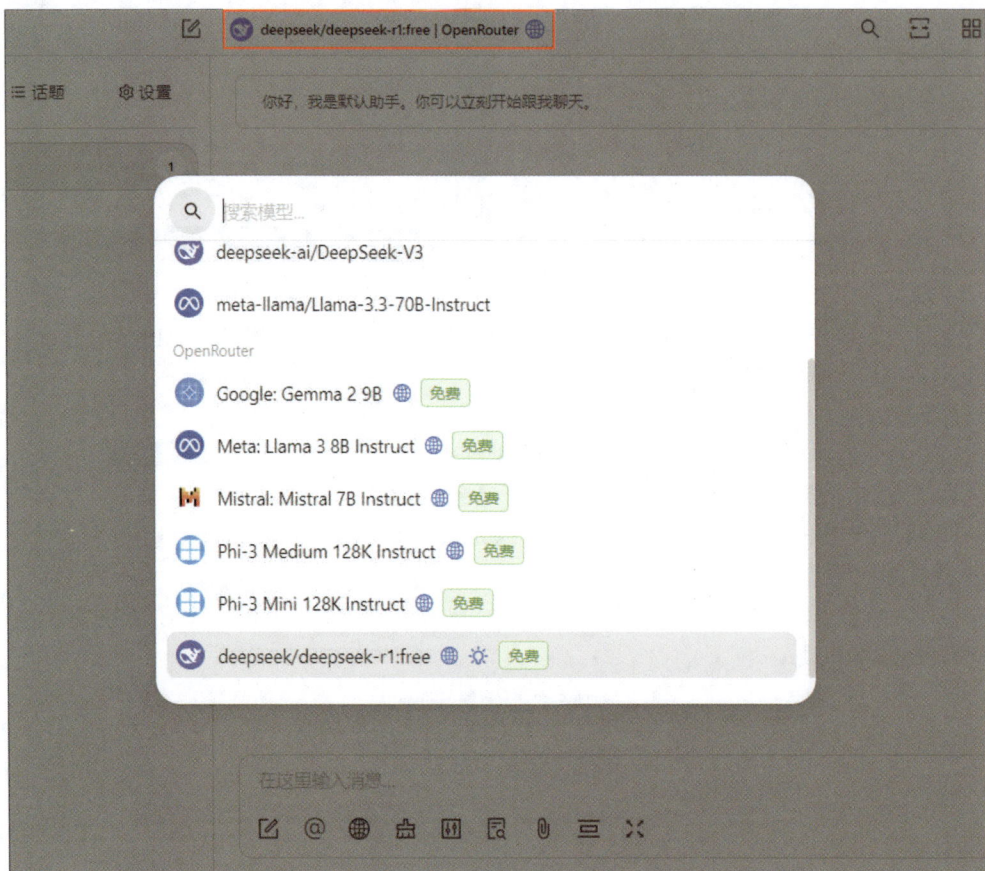

图2-18

2.1.3 一步到位，DeepSeek直接用

除了本地部署和API部署方案，市面上已有多款应用工具内置了DeepSeek模型，为用户提供了"即开即用"的便捷使用体验。如果希望避免烦琐的部署过程，或者认为前面介绍的部署方法过于复杂，不妨考虑使用下面推荐的工具。这些集成DeepSeek的应用能够让用户直接体验流畅且高效的AI对话，无须关注技术细节，真正做到"即开即用"。

1. Cursor

这款工具主要是面向程序员开发的，在Cursor的对话窗口中可以直接切换DeepSeek-R1模型，即选择"deepseek-r1"选项，如图2-19所示。

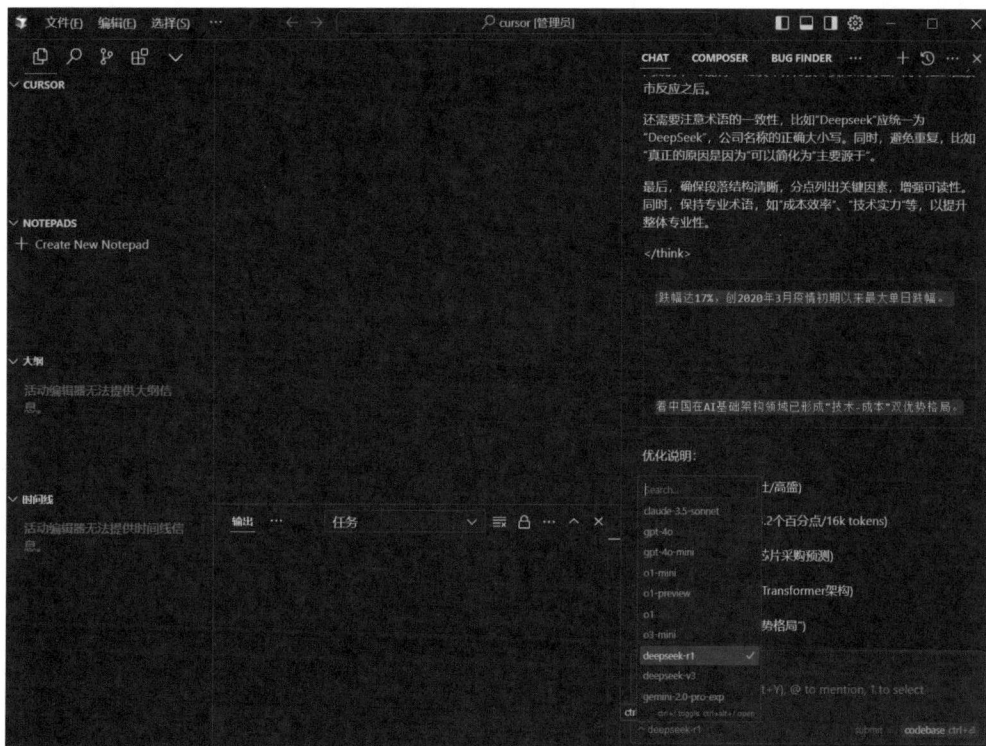

图2-19

2. ima

这款工具是由腾讯开发的AI知识库工具，目前ima可以直接使用混元和DeepSeek这两种大模型，如图2-20所示。

图2-20

3. AskManyAI和Monica

这两款工具都是聚合型的AI工具，里面包含非常多的主流AI模型，每日可以免费使用一定次数的DeepSeek-R1，如图2-21所示。

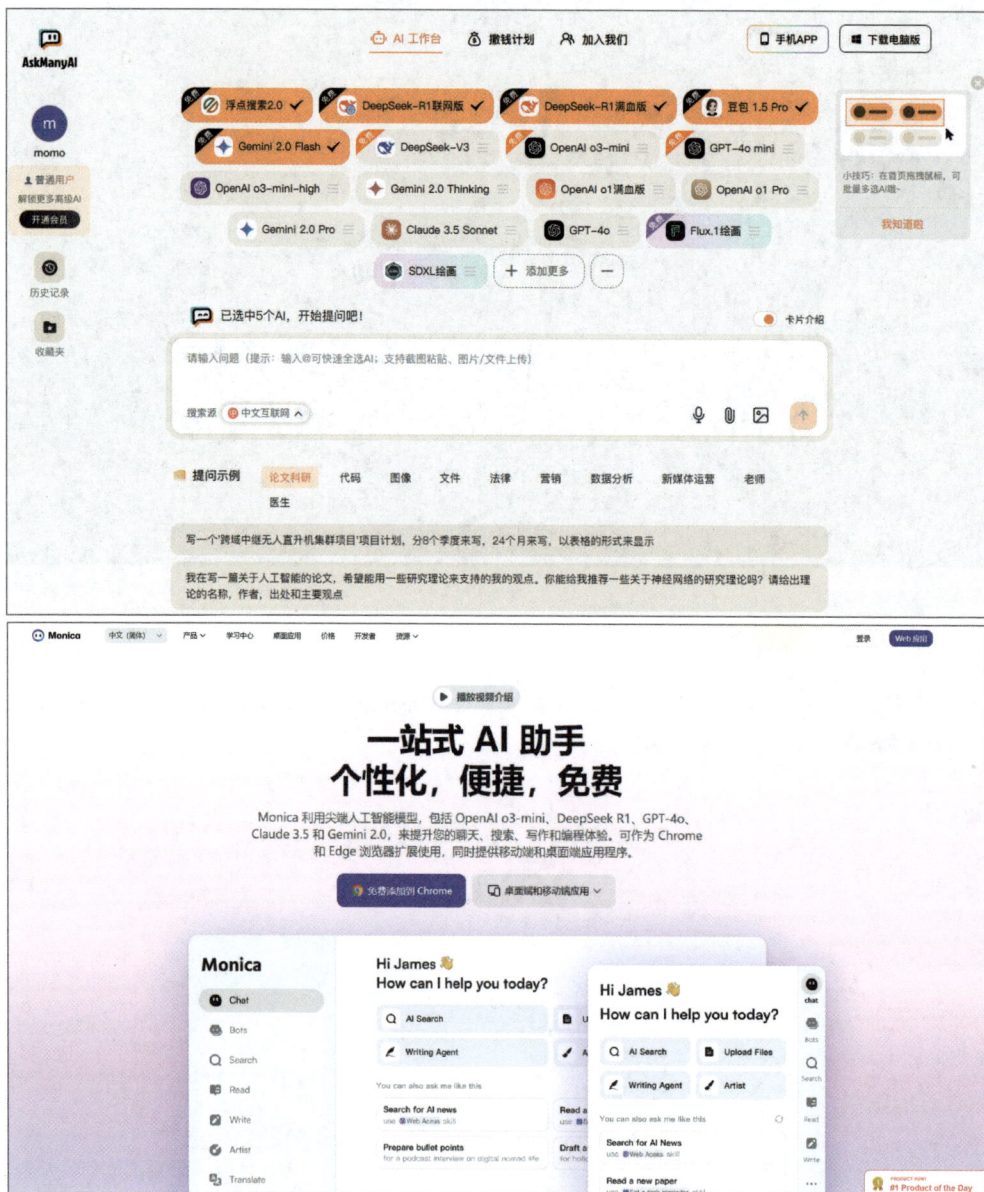

图2-21

2.2 进阶玩法，让DeepSeek更"聪明"

　　成功部署DeepSeek模型仅仅是这段旅程的起点，旅程的真正价值在于探索这款人工智能助手如何融入工作和生活，从而充分发挥其潜力。每位用户都有机会发掘出独特的使用方式，让DeepSeek成为自己真正的得力助手。

　　本节将分享一系列实用技巧和创新插件。无论是职场专业人士、创意工作者还是学生，这些技巧都能帮助你更深入地使用DeepSeek的功能，探寻符合自身需求的使用方法。

2.2.1 官方推出的DeepSeek插件指南

　　DeepSeek团队在推出R1大模型后，又给用户带来了一份"惊喜"——在GitHub上发布了极具实用价值的综合资源库Awesome DeepSeek Integrations。这个精心设计的"宝藏仓库"收录了DeepSeek在各类平台和场景下的开源集成方案，每一个方案都经过团队严格测试，确保用户能够即取即用，如图2-22所示。

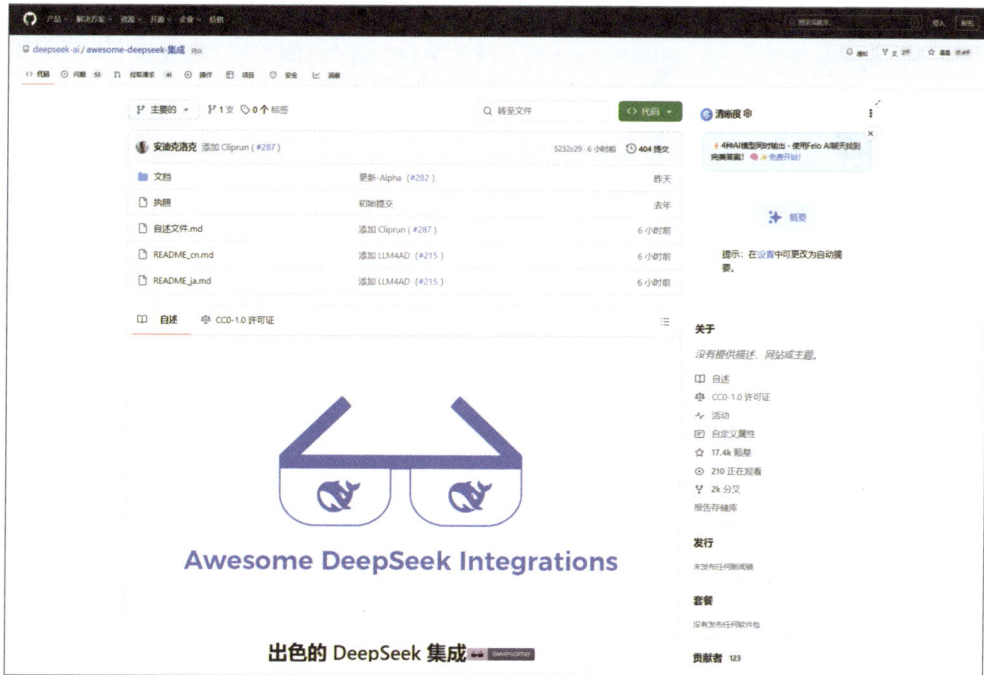

图2-22

简单来说，官方已经通过Awesome DeepSeek Integrations将工具、插件和扩展按使用场景进行了详细整理，简化了个性化部署的流程。如果读者在某个特定场景下为寻找DeepSeek的应用方案而发愁，这个资源库绝对是首选，其中的解决方案几乎涵盖了所有常见需求。读者可以直接根据内容提示找到所需插件，单击蓝色文字即可跳转至相应的工具地址，如图2-23所示。

16x	16x 提示	16x Prompt是一款具有上下文管理功能的 AI 编码工具。它可以帮助开发人员管理源代码上下文，并为现有代码库上的复杂编码任务制作提示。
	阿尔法·派	AI研究助手 / 人工智能驱动的新一代金融信息门户，为投资者代办会议、做笔记，提供金融信息搜索、问答服务，为投研提供量化分析。
	阿尔戈	在 Mac/Windows/Linux 上使用 RAG 本地下载并运行 Ollama 和 Huggingface 模型。也支持 LLM API。
	彼得猫	对话式问答代理配置系统、自托管部署解决方案和便捷的一体化应用程序 SDK，可让您为 GitHub 存储库创建智能问答机器人。
	FastGPT	FastGPT 是一个基于大型语言模型 (LLM) 构建的开源 AI 知识库平台，支持 DeepSeek、OpenAI 等多种模型，提供开箱即用的数据处理、模型调用、RAG 检索、可视化 AI 工作流编排等功能，让您轻松构建复杂的 AI 应用。
	如智AI笔记	如知AI笔记是一款基于AI的智能知识管理工具，提供AI搜索探索、AI结果转笔记、笔记管理整理、知识呈现分享等一站式知识管理及应用服务。集成DeepSeek模型，提供更稳定、更高质量的输出。
	微信聊天	Chatgpt-on-Wechat(CoW) 是一个灵活的聊天机器人框架，支持无缝集成多个 LLM，包括 DeepSeek、OpenAI、Claude、Qwen 等到微信公众号、微信、飞书、钉钉、网站等常用平台或办公软件，并支持丰富的自定义插件。
	雅典娜	世界上第一个具有先进认知架构和类似人类推理能力的自主通用人工智能，旨在应对复杂的现实世界挑战。
	最大KB	MaxKB是一个可立即使用且灵活的 RAG 聊天机器人。

图2-23

2.2.2 如何让DeepSeek更"聪明"

在使用DeepSeek处理日常工作任务的过程中，笔者逐渐摸索出了它的特性。不得不承认，这款模型确实强大，尤其在深度思考和逻辑推理方面让人眼前一亮，能够轻松满足用户大部分的需求。然而，它并非无所不能，如在生成代码的准确性上偶尔会出现问题，对话的流畅度也有待提升。相比之下，笔者尝试过的Claude在输出高质量代码和维持自然对话方面明显比DeepSeek更胜一筹，交流体验顺畅得如同在与老朋友交谈。然而问题在于，当向Claude提出一些需要深入分析的复杂问题时，它的回答往往不够深入，显得有些浮于表面。

面对两款AI各有长短的情况，笔者找到了一个极为实用的解决方案，那就是让DeepSeek和Claude联手合作。具体逻辑如下。

首先，让DeepSeek负责"核心"部分，即深度思考和复杂推理，充分发挥其思维优势。

其次，将这些成果交给Claude，让它进行整合、润色和表达，甚至协助生成更为可靠的代码。

这种"协作模式"堪称完美组合，不仅让DeepSeek的思考能力得到充分展现，还借助Claude的表达天赋和代码能力或输出内容锦上添花。

01 在浏览器中的地址栏输入"tryfastgpt"并进入官网，单击"Get Started（现在开始）"按钮，进入后单击页面右上角的"新建"按钮，选择"工作流"选项，如图2-24所示。

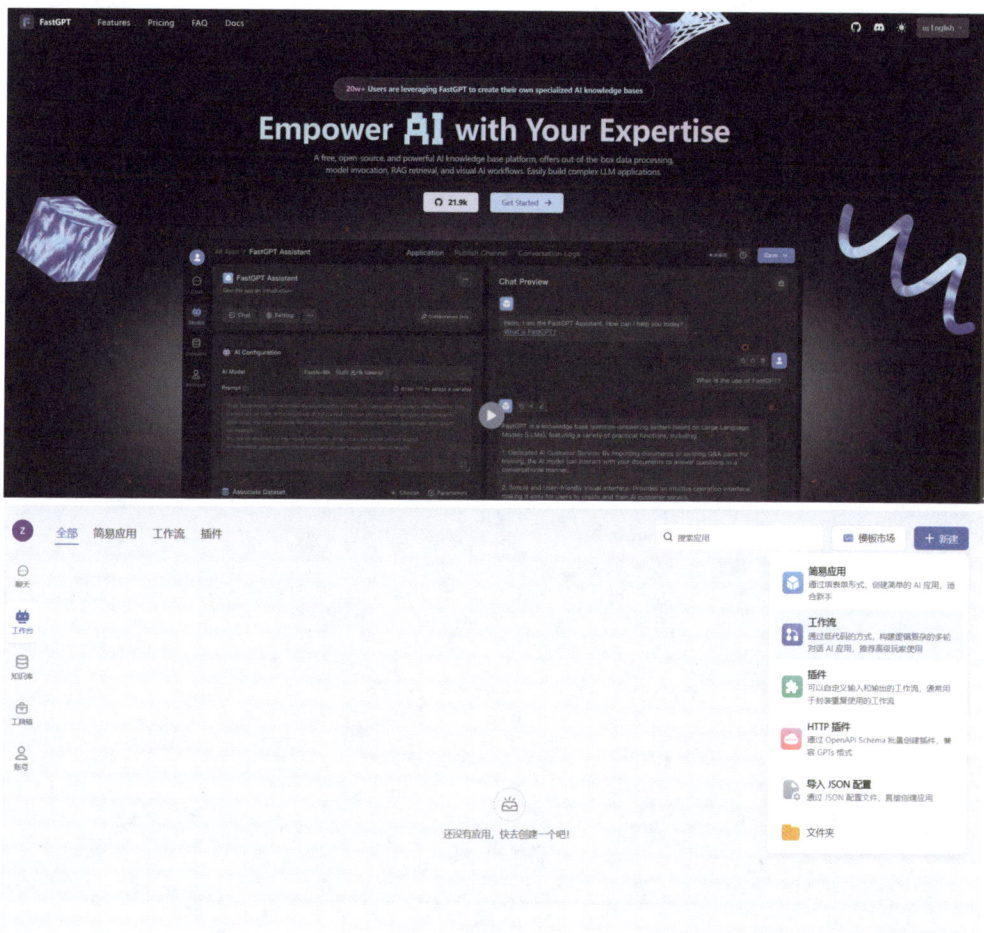

图2-24

02 为这个工作流取一个名字，界面如图2-25所示。

图2-25

03 单击左上角的"+"，选择"AI对话"选项，如图2-26所示。

图2-26

04 选择DeepSeek作为我们的AI模型，如图2-27所示。

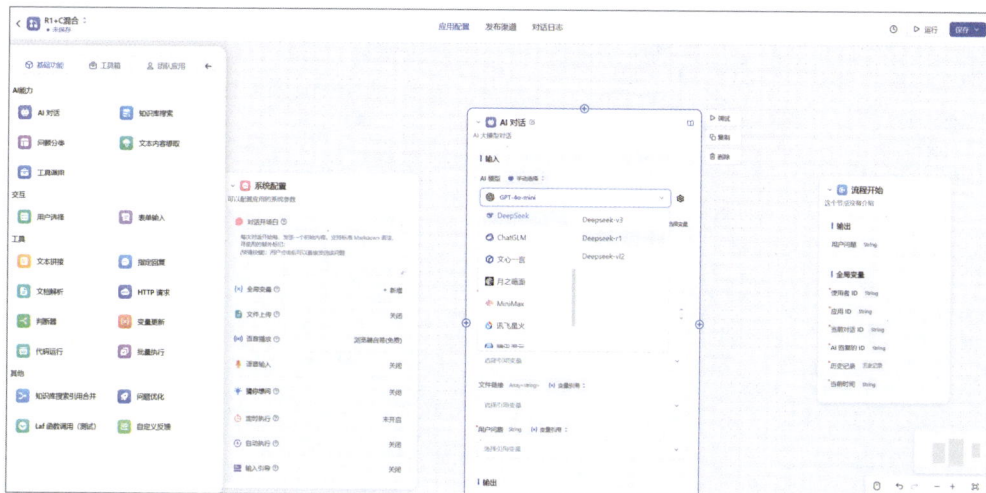

图2-27

05 单击右边的齿轮形按钮，打开"输出思考"，关闭"流输出"，如图2-28所示。

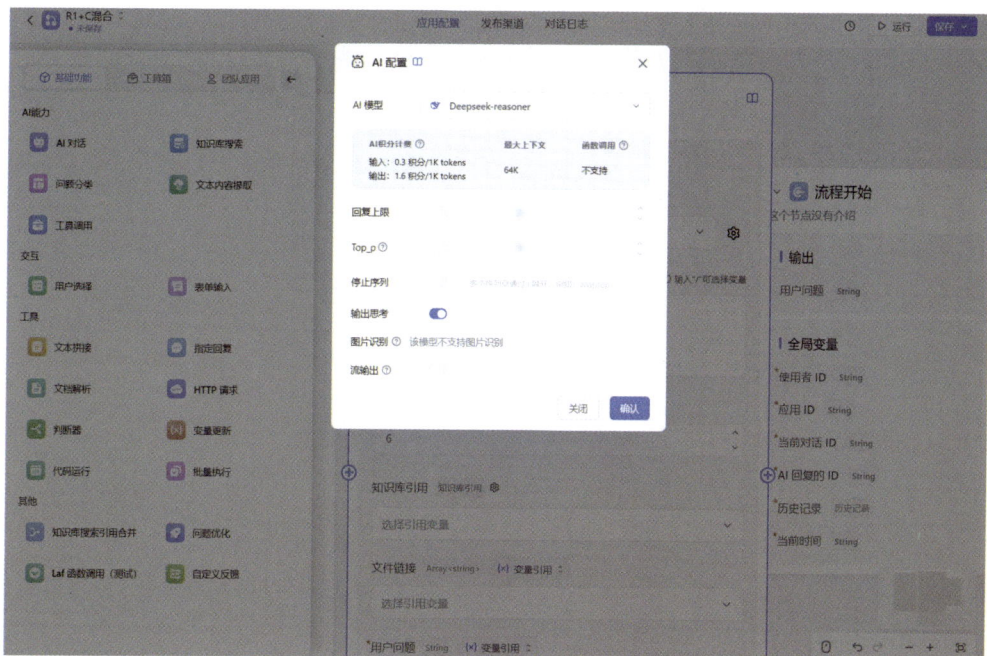

图2-28

06 单击左上角的加号，继续创建一个AI对话，这次的模型选择Claude，并添加下面这段提示词，如图2-29所示。

<think> 变量</think>根据<think>标签中的思考过程，精简回答。

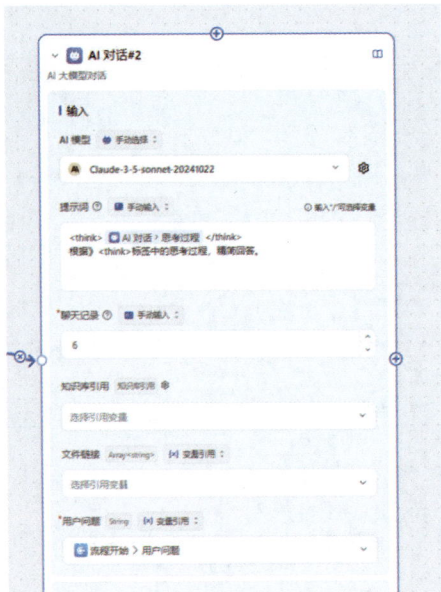

图2-29

07 将所有AI对话串联在一起,单击右上角的"运行"按钮,就可以查看输出效果了,如图2-30所示。

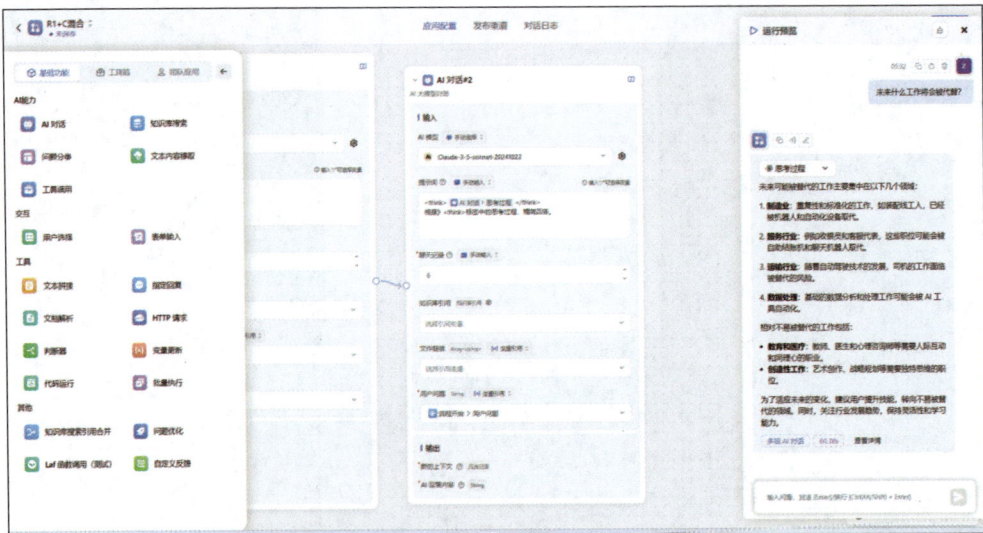

图2-30

最终取得的成果是DeepSeek和Claude的强强联合——将这两个模型融合在一起,不仅提升了大模型的智能水平,还能提供更出色的回答。如果读者希望在使用中获得更高质量的答案,这种融合模式是一个值得尝试的优选方案。使用方法都一样,只是添加的模型不一样而已。

第 3 章

和AI对话

3

3.1 什么是好的提示词

作为一名DeepSeek的忠实用户，笔者经常对其智能化的回答感到惊艳。然而，你是否曾思考过，AI是如何理解我们的问题，又是如何生成答案的呢？实际上，AI与我们对话完全依赖于你提供的提示词。这些提示词就像一份任务清单，AI根据这份清单来呈现一场奇妙的"魔法秀"。下面将用通俗易懂的语言为读者解释AI是如何与用户进行沟通的以及用户应该如何撰写提示词。

3.1.1 AI是如何与用户沟通的

当在对话框中输入"今天天气怎么样？"时，人工智能的首要任务是将你的提示词转化为它能够理解的语言。这依赖于NLP（自然语言处理），类似于AI的"耳朵"和"大脑"。AI会将用户的句子拆解为几部分，例如"今天""天气""怎么样"，然后分析它们的顺序和关系，以确认用户是在询问天气，而不是其他内容。这个过程被称为"分词"和"语义解析"。这些术语听起来有些复杂，用户只需知道AI正在努力"理解"提示词即可。

在理解提示词后，AI不会随意捏造信息（至少大多数情况下不会），它会从自身的"知识库"中寻找答案。这个知识库由海量文本数据构成——包括书本、网页、论坛等，它们全部被存储在AI的"大脑"中。这些数据在训练过程中被分解、整理，形成了无数个知识点。像DeepSeek这样的模型会根据你的提示词如"天气"，在这些知识点中进行搜索，挑选出最匹配的部分。它可能会联想到与"天气"相关的内容，然后准备好回答。

找到答案依据的"素材"后，AI还需要根据提示词，将其组织成一段通顺的话。这就像写作，需要考虑语法、逻辑，并尽量保持自然。DeepSeek依靠的是"生成模型"，它会预测接下来应该使用哪个词。例如，当它看到"今天"这个提示词时，可能接着猜测"天气"，再加上"很好"，最终形成一句完整的话——"今天天气很好"。这是通过数学概率计算得出的——它选择的是最有可能令用户满意的组合，以确保满足用户需求。

3.1.2 写提示词时需要注意哪些问题

通过上述例子不难发现，提示词才是影响AI回答质量的关键因素。正如那句经典名言所说："提出一个问题往往比解决一个问题更重要……"与人工智能交流实际上是一项技术性工作，而这项技术的核心在于如何撰写优质的提示词。可以将提示词想象成递交给AI的导航图——如果提示词撰写得清晰且精准，人工智能便能直接带用户实现目标；如果提示词撰写得含糊不清，它可能会让用户兜圈子，甚至陷入困境。那么，提示词撰写不当究竟会如何扰乱人工智能的回答呢？下面通过几个实例来详细解析。

1.模糊的提示词，让AI猜不透你的心思

假如问："给我讲点啥吧。"

这提示词太笼统了，DeepSeek根本不知道用户想要啥。它可能会随便扔一段历史知识，也可能讲个冷笑话，甚至直接问："啥意思？"

因为用户没给它方向，它就像个迷路的孩子，所以只能凭感觉乱答。

试着换个角度提问："给我讲讲月亮的故事吧。"

这下AI就知道该从神话、科学或诗歌角度入手，回答会靠谱得多。

2.复杂的提示词，把AI绕晕了

有时我们心急，一次想问的太多。

我昨天买了东西，今天又花了钱，你能帮我算算总共多少，还能顺便告诉我怎么省钱吗？

这提示词又长又乱，DeepSeek可能会"懵掉"——到底是先算钱，还是先讲省钱？结果它可能只回答了一半就结束对话，或者干脆跑题。更好的方法是拆开来问。

我昨天花了50元，今天花了30元，总共多少？

待DeepSeek回答后，继续提问。

有什么省钱的小妙招？

这样一步步来，AI就不会乱了。

3.缺少关键信息，AI只能"瞎蒙"

如果提示词缺失重要细节，AI的回答也会"掉链子"。

这个东西多少钱？

DeepSeek只能干瞪眼——"哪个东西啊？"没上下文，它只能胡乱猜，给一个平均价格或者直接问"请告诉我具体是什么"。

一台iPhone 15多少钱？

这样一来，信息一清二楚，它就能精准发力，给出准确价格。

DeepSeek这样的AI系统是需要提示词"驱动"的。提示词决定了它从知识库中选择何种内容,并以何种方式进行回答。如果提示词模糊,它选择的内容可能会是随机的;如果提示词过于复杂,它可能无法抓住重点;如果提示词缺乏关键信息,它只能依靠猜测。简而言之,不好的提示词就像在导航中输入了错误的地址,即使AI再聪明,也无法到达目的地。

3.1.3 五招让你握稳AI的"方向盘"

既然不当的提示词会给AI带来诸多麻烦,那么该如何确保撰写的提示词既可靠又易于AI理解呢? 笔者总结出了5个独特的方法,使用它们与AI交流可以使交流更加顺畅和愉快。

1.明确需求

别随便扔一句"帮我写点东西",它会"懵"。

我需要一封求职邮件,应聘新媒体运营岗位,强调3年公众号运营经验。

这样清清楚楚,AI立马知道该干什么,回答就靠谱多了。

2.提供背景

如果说"分析这个数据",DeepSeek只能"干瞪眼"——什么数据啊?

这是一家奶茶店过去3个月的销售数据,请分析周末和工作日的销量差异(附CSV数据)。

换了一种方式后,有了背景,它就能有的放矢,不会"瞎蒙"。

3.指定格式

别只说"给几个营销方案",否则结果可能是得到一堆乱七八糟的文字。

请用表格形式列出3种适合情人节的咖啡店促销方案,包含预估成本和预期效果。

这样将格式限定好,回答就整齐又实用。

4.控制长度,别让AI"啰唆"过头

别只说"解释××",否则DeepSeek可能会长篇大论。

请用200字解释区块链技术,让完全不懂技术的老人都能听懂。

只要将长度"框死",它就得按要求精简。

5.及时纠正,别让AI"跑偏不回头"

如果不满意AI的回答,别急着放弃,要及时为它指出你不满意的地方。

这个成本太高,请提供预算控制在500元以内的版本。

或

请用更正式的语气重写第二段。

像这样反馈并进行点拨,DeepSeek会马上做出调整,给出更理想的方案。

3.2 高手都在用的提示词模板

读者如果是对话类AI的资深用户,可能已经对提示词模板的运用驾轻就熟。对于像ChatGPT这样的非推理型模型,确实需要一套固定的模板来激发其全部潜能——如果不给它明确的指引,它就容易偏离主题。然而,当面对DeepSeek这类推理型AI时,情况则截然不同。笔者发现,复杂的提示词反而会限制其推理能力。相反,简单直接地表达需求,可以让DeepSeek充分发挥其能力,轻松处理那些复杂的任务。

为了深入了解DeepSeek的特性,笔者详细研究了其官方提示词文档,并总结出几套最适合用户使用的提示词模板。这些模板与ChatGPT烦琐的"仪式感"不同,它可以直接切中要害,简洁高效。接下来将分享这些模板,帮助读者在实践中逐步建立属于自己的提示词模板库,将DeepSeek训练成卓越的"智力助手"。

3.2.1 这些提示词能帮你完成大多数任务

如前所述,DeepSeek不喜欢烦琐的提示词,相反,简单直接的提问能让它在回答问题时更加如鱼得水。为了便于读者快速掌握,笔者整理了6种常用的提示词策略,它们就像DeepSeek的"小开关",轻轻一按便能完成各种任务。这些方法不仅实用,还能使对话更加流畅、贴心。

1.续写——智能内容接续引擎

核心价值:自动延续上文逻辑,保持叙事连贯性。

用法模板:续写某些内容,保持 [悬疑/温情/专业] 风格,加入 [关键元素]。

实际案例:

输入:"侦探在凶案现场发现一枚袖扣……"续写这段内容,保持悬疑风格,并加入遗物这个元素。

DeepSeek:袖扣内侧刻着模糊的家族徽记,与3个月前贵族自杀案遗物上的纹样完全吻合,雨夜钟声突然敲响……

适用场景： 小说连载、营销文案、短视频剧本创作。

2.简化——信息精炼大师

核心价值： 提取核心干货，拒绝信息过载。

用法模板： 将下文浓缩为［×］字，重点保留［数据/结论/技术原理］。

实际案例：

输入：将人工智能行业分析浓缩为50字左右，重点保留数据。

DeepSeek：2023年全球AI市场规模达1500亿美元，生成式AI贡献率超60%，医疗、金融、制造为三大落地场景（48字）。

适用场景： 论文摘要、会议纪要、知识卡片制作。

3.示例——动态案例生成器

核心价值： 理论即刻可视化，打造沉浸式学习体验。

用法模板： 生成［概念］在［场景］中的应用案例，包含［要素］。

实际案例：

输入：展示递归函数在电商库存计算中的应用示例。

DeepSeek：

python

复制

```python
def calculate_stock(product_id):
    if product_id in leaf_categories:
        return warehouse[product_id]
    return sum(calculate_stock(child) for child in product_tree[product_id]) #计算手机类目
```
总库存（含各型号子类）

适用场景： 编程教学、学术论文、产品文档撰写。

4.步骤——智能路径规划师

核心价值： 复杂任务结构化，附带风险预警机制。

用法模板： 拆解［任务］为［×］个阶段，标注［核心步骤/必备工具/耗时预估］。

实际案例：

输入：零基础3个月掌握UI设计，需要几个步骤？

DeepSeek：

▶ 第一阶段：设计认知（1～2周）

每日解析Behance日榜作品（重点学习布局规范）

掌握"格式塔原理"基础应用

▶ 第二阶段：Figma 实战（3～4周）

组件库搭建（需掌握Auto Layout）

完成高保真App原型设计（含交互动效）

......

适用场景： 技能学习、项目管理、操作手册制作。

5.检查——多维风险扫描仪

核心价值： 精准定位潜在问题，避免社会性死亡。

用法模板： 检查［文本类型］的［逻辑漏洞/数据错误/合规风险］，按紧急程度分级。

实际案例：

输入：检查这段直播带货话术脚本的违禁词风险，并按紧急程度分级。

DeepSeek：

！！高危："全网最低价"（违反广告法第9条）

⚠中危："修复皮肤屏障"（需补充"实验数据显示"等限定语）

☑建议："3天见效"改为"连续使用28天后测试组改善率达67%"

适用场景： 法律文书、商务邮件、公开演讲稿撰写。

6.口语化——人格化表达转换器

核心价值： 专业内容场景化，打造有温度的表达。

用法模板： 用［职场新人/小镇青年/宝妈群体］的语境改写。

实际案例：

输入：用小镇青年的语境来改写。

DeepSeek：就像给你的暗恋对象做小笔记，不过得用他看抖音、逛淘宝的数据来猜喜好。

适用场景： 直播话术、社群运营、知识科普。

3.2.2 DeepSeek提示词的进阶技巧

　　笔者发现，要让像DeepSeek这样的推理型人工智能处理复杂任务，仅提供零散的提示词，就会如同"用筷子吃牛排"——费力且不得要领！在这种情况下，需要使用一套完整的提示词框架，将任务拆解得清清楚楚，以便DeepSeek推理出"满分答案"。

　　对此，笔者摸索出了一套非常实用的框架。

角色扮演+具体任务+完成任务的步骤+约束条件+达成目标+输出格式

看起来有些复杂？别担心，笔者举个例子，保证你一学就会！

实用案例：策划一场低成本生日活动

假设我要办一场生日活动，预算有限，但又想让朋友们玩得开心。怎么办？只是问DeepSeek"怎么办生日活动"肯定不行，它可能会给我一堆天花乱坠的建议，完全不接地气。这时可以试试把提示词植入框架中。

提示词

你是一个活动策划专家，请帮我设计一场生日派对，步骤包括：(1) 确定主题；(2) 列出活动清单；(3) 规划预算。总花费不要超过300元，参与人数5~8人，让大家玩得开心又省钱，请用表格的形式输出你的方案。

下面拆解这段提示词。

扮演的角色： 活动策划专家，让DeepSeek用专业视角思考。

具体的任务： 设计生日派对，目标明确不跑题。

完成任务的步骤： 确定主题、列活动清单、规划预算，推理过程一步步展开。

约束条件： 总花费不超过300元，参与人数5~8人，框住范围，不乱花钱。

完成的目标： 玩得开心又省钱，双重需求都照顾到。

输出格式： 表格形式，直观又好用。

这个框架就像为DeepSeek提供了一张"施工图纸"：角色设定明确基调，任务设定指明方向，步骤设定铺设路径，条件设定明确限制，目标设定描绘终点，格式设定进行包装。这样DeepSeek的推理能力就能被充分激发，既不会遗漏关键点，也不会提供一堆无用的建议。相比于询问"生日活动该如何策划"，这套提示词从"天马行空"变为"量身定制"，既省心又可靠。

当然，在这个框架下的提示词并不一定需要全部同时使用。例如，官网提供的一套完整的提示词示例通常由其中的2个或3个要素来构建。例如，官方的"宣传标语生成"提示词仅包含"角色扮演+具体任务+完成目标+约束条件"。在编写提示词时，可以灵活运用基础框架，只要编写的提示词能够解决问题，就是一套优秀的提示词。

> **技巧提示** **DeepSeek也能自己生成提示词**
>
> 在官方文档中，笔者发现了一个非常值得尝试的提示词模板，即"模型提示词生成"。如果读者觉得编写提示词比较烦琐，可以尝试使用官方提供的这段提示词，以生成有效且实用的提示词，如图3-1所示。

图3-1

3.3 多轮对话和分角色扮演

当前关于"多轮对话"和"分角色扮演"的讨论在网络上相对较少，属于"隐藏玩法"。这是为什么呢？因为这两种方法不同于简单的问答，它们需要运用个人的经验并进行判断，在交流过程中逐步探索，才能引导人工智能的回答符合预期。坦白说，即使提示词设计得再完美，像DeepSeek这样的人工智能有时也会稍微"偏离"预期，此时就需要人为干预，将其引导回正轨。不要觉得麻烦，这也是使用人工智能的乐趣所在。接下来将分别介绍这两种"隐藏玩法"的使用技巧，以充分挖掘DeepSeek的潜力。

3.3.1 多轮对话打造属于你的"陪聊高手"

多轮对话不是一种简单的问答交流，而是一个针对AI不断优化和调整的过程。通过持续的对话互动，我们可以及时识别并纠正AI回答中的偏差。当AI出现不准确的判断时，我们要立即进行干预和引导，从而大幅降低"AI幻觉"的发生概率。这种渐进式的交流方式使我们能够逐步引导AI生成更符合需求的回答，最终将这个AI助手调教成更加了解用户需求的专属对话伙伴。

多轮对话依赖于"上下文记忆"。DeepSeek的优势在于，它能够记住之前的交流内容，即使经过十几轮对话，它也不会忘记。官方声称它支持128KB字符的上下文，这意味着它可以处理相当于几十页Word文档的内容。因此，无论用户是在讨论天气、计划旅行还是闲聊，它都能保持跟进。

此外，多轮对话不只是"能聊"，还能"聊深"。例如问"怎么学英语"，单轮对话下AI可能回复"背单词"就结束了，但多轮对话可以像下文这样进行。

用户："怎么学英语？"

DeepSeek："可以背单词、看剧、练口语，你喜欢哪种？"

我："看剧吧,怎么做?"

DeepSeek："挑英剧《唐顿庄园》,每天看20分钟,记5个新词。"

我："有啥替代的剧吗?"

DeepSeek："《神探夏洛克》也不错,语速快点,挑战大点。"

对于一般用户而言,多轮对话就如同与一位"耐心的朋友"交流,无须一次性将所有问题考虑周全,可以在交谈过程中逐步调整内容。例如,规划周末活动、撰写文章,甚至是询问生活琐事,它都能够陪伴用户一步步厘清思路。在此基础上,再结合使用前一节中的提示词框架,用户还可以使其化身为"专家",如同面对面地与"专家"对话一样,轻松获取有效信息。

3.3.2 分角色扮演

分角色扮演的核心在于设定"角色指令"。例如,当告知DeepSeek它的角色身份时,它会根据该身份,从其知识库中选择合适的表达方式和内容。DeepSeek的这种"即兴表演"依赖于其强大的语言生成能力和逻辑推理能力,因此使用起来非常灵活。在与AI对话时,我们可以为其设定多个角色与其互动。这种方法类似于戏剧表演,为每个角色赋予特定的身份和特征。

专家对话模式:可以让AI同时扮演不同领域的专家,例如一个是技术专家,另一个是产品经理,让他们从不同角度分析同一个问题。

辩论模式:设置正反方两个角色,让AI从不同立场进行讨论,帮助我们从多个维度看清问题。

教学模式:一个角色扮演老师,另一个角色扮演学生,通过问答形式深入浅出地解释复杂概念。

具体的提示词可以按照下面的模板来撰写。

> 你现在扮演两个角色:
> 角色A:[描述角色A的特征和专业背景]
> 角色B:[描述角色B的特征和专业背景]
> 请就[具体话题]进行对话讨论

利用分角色扮演技巧与DeepSeek对话,笔者发现其最大的优势在于能够激发思维的"火花",带来丰富的创意和惊喜。当不同的角色进行对话时,仿佛举办了一场"智力派对",总能涌现出意想不到的好点子。例如,在构思创意时,笔者会安排一个角色作为"富有想象力的大师",尽情提出新奇的想法;再让另一个角色担任"理性分析师",筛选出可行的方案。通过这样的碰撞,便能形成既具创新性又可实施的方案。这种角色对话不仅可使DeepSeek的回答更加多样,还能帮助我们挖掘出更有价值的想法。简而言之,它是一个让创意激增的"神器",值得在实际应用中多加尝试和探索。

第 **4** 章

DeepSeek
的职场应用

4

4.1 职场办公好助手

想要提高办公效率，减轻繁重的工作负担？DeepSeek作为一款智能工具，能够显著提升工作效率并节省大量时间。其卓越的推理能力和快速响应特性可使复杂工作变得简单且高效。目前，DeepSeek还可以整合多种工具，协助完成PPT制作、表格处理、PSD文件编辑等多项任务，甚至整个过程都无须手动调整，从而使工作流程更加简便、流畅。

4.1.1 使用DeepSeek+Kimi高效制作PPT

在日常办公中，PPT是常用的汇报工具。然而在制作PPT时不仅需要考虑内容的逻辑顺序，还需处理页面排版和绘制图表，这往往耗费大量时间。AI工具Kimi提供了"一键生成PPT"的功能，非常便利。与Kimi相比，DeepSeek在逻辑推理和语言理解方面更具优势。因此，可以结合这两款工具的优点制作PPT：先利用DeepSeek调整内容和逻辑，再通过Kimi一键生成PPT。这样就能快速高效地制作PPT，工作效率将显著提升。接下来介绍如何搭配使用DeepSeek和Kimi。

01 进入DeepSeek的官方网站，并启用"深度思考"模式和"联网搜索"功能，这里的提示词可以按照下面的结构来撰写，如图4-1所示。

> 扮演的角色+具体任务+要完成的目标+输出格式

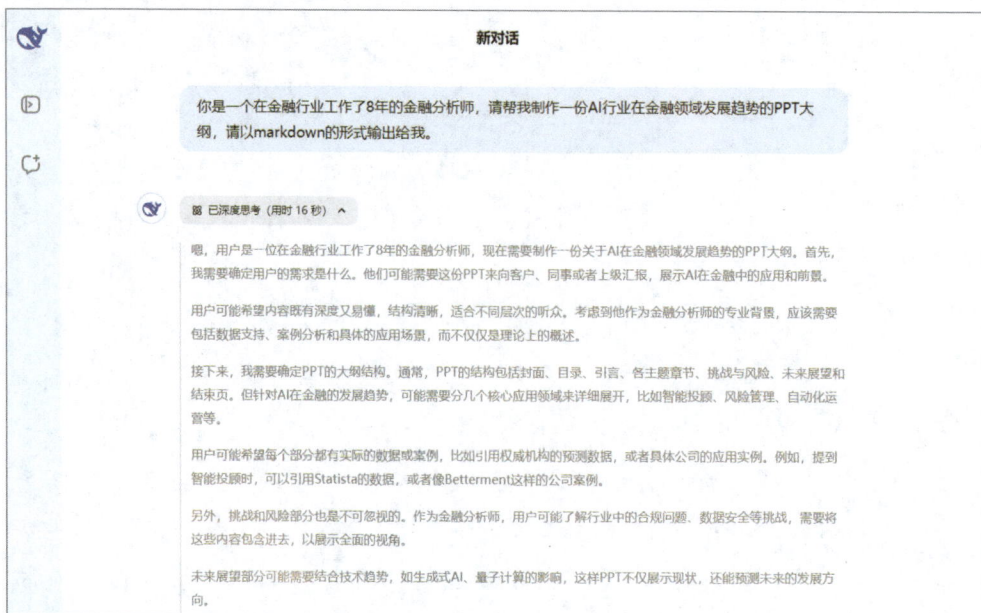

图4-1

02 复制Markdown的内容，进入Kimi页面，单击左侧第3个图标，然后选择"PPT助手"，如图4-2所示。

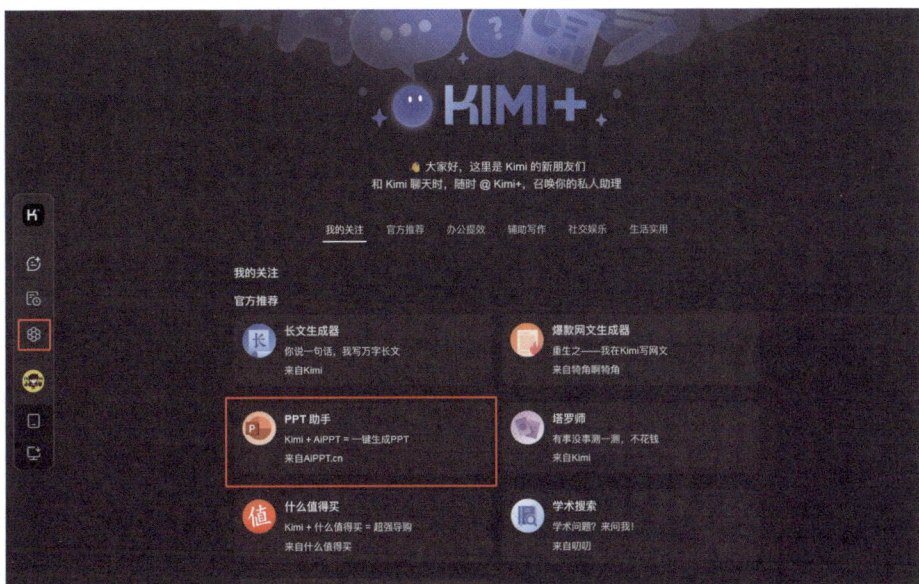

图4-2

03 将DeepSeek生成的大纲内容粘贴到"PPT助手"中，Kimi会自动从网络中检索适合的内容填充到大纲中。内容生成完成后，单击"一键生成PPT"按钮即可，如图4-3所示。

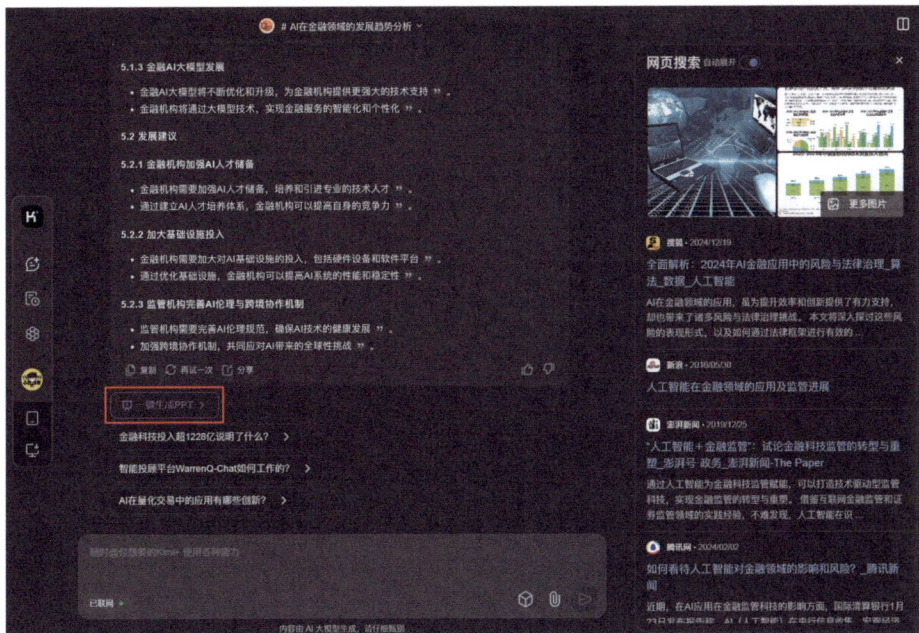

图4-3

04 选择一套符合工作要求的模板场景和颜色，PPT就全部自动生成了，如图4-4所示。

图4-4

使用DeepSeek和Kim制作完成PPT后，可以将其下载到本地并调整其中的内容。如果遇到非常紧急的汇报任务，组合使用这两个工具足以满足基本的需求。

4.1.2 让DeepSeek接入Office，你不会的它都行

对于职场人士而言，Office办公套件通常是重要的工作工具。作为日常高频使用的应用程序，若能将Office与DeepSeek无缝衔接，将显著提升工作效率和创作质量。实现DeepSeek与Office的结合，关键在于API接口的调用与配置。尽管这一过程听起来颇具技术性，但实际操作并不复杂。不熟悉API概念及应用方法的读者，可以参考第2章的详细说明，其中涵盖了从基础概念到具体实施的全面介绍。通过这种集成，可以在编辑文档、制作演示文稿或处理电子表格时，随时获得DeepSeek的智能建议与支持。接下来介绍如何在Office中部署DeepSeek。

01 搜索并找到Office AI助手官方网站，单击下载链接进行下载并安装，如图4-5所示。

图4-5

02 搜索并找到OfficeAI助手的官方网站，单击Office插件右上角的⋮图标，然后选择"设置"选项。在"设置"对话框中进入"大模型设置"后，选择ApiKey选项，将"硅基流动"的API密钥粘贴到API_KEY文本框中，并单击"保存"按钮，如图4-6所示。这样，DeepSeek就配置完成了。

图4-6

03 在Word中使用时，单击"导出到左侧"按钮，就可以导出DeepSeek生成的内容，如图4-7所示。

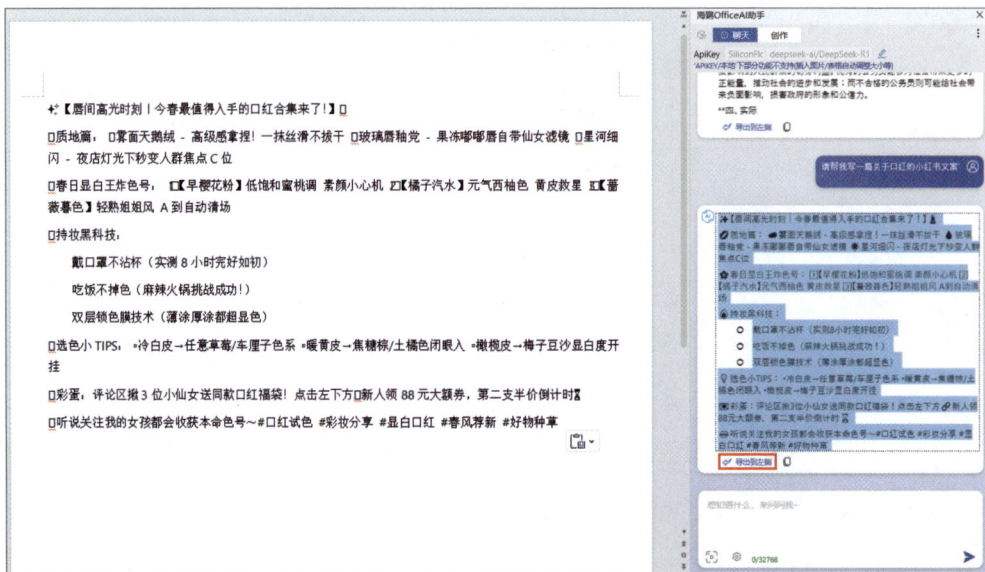

图4-7

虽然WPS目前也接入了DeepSeek的API，但是如果同时使用Office办公软件，笔者建议尽量使用OfficeAI助手来部署DeepSeek，这个插件目前还是免费的。

技巧提示 **OfficeAI一键制作表格**

OfficeAI在Excel中也非常实用。在模型选择方面尽量优先采用内置模型。在对话过程中，直接向AI提供提示词，就会自动生成柱状图，如图4-8所示。如果读者对Excel的操作不太熟悉，可以完全靠AI来完成工作。

提示词

请勿使用公式，将相同的D列对应的F列数值相加并汇总，生成柱状图。其中，x轴代表不同类别，标题为"各类别销售额"。

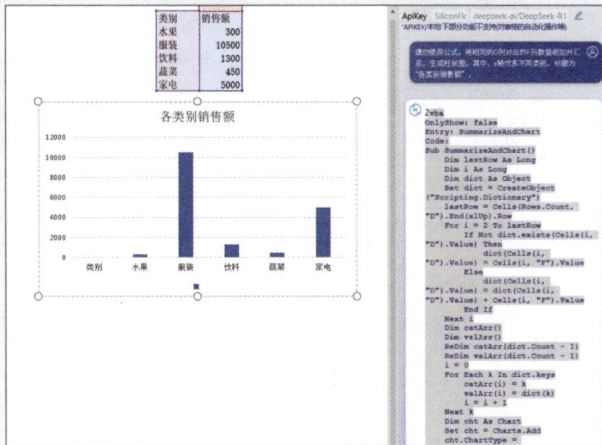

图4-8

4.1.3 使用DeepSeek高效制作思维导图

面对复杂的长篇文档，我们常常难以迅速把握要点。传统的阅读与整理方法不仅耗时，还容易遗漏关键信息。在这种情况下，DeepSeek可以成为得力助手。只需将文档提交给DeepSeek，它便能快速分析全文内容，提取关键信息，并构建逻辑清晰的内容框架。此过程不仅能节省大量的时间和精力，还能抓住文档的精髓。

将DeepSeek生成的结构化内容导入Xmind等思维导图工具后，复杂信息立刻就会变得一目了然。可以进一步调整和完善这些思维导图，添加个人见解或补充细节。这种结合人工智能与可视化工具的工作方式，能够显著提升信息处理效率，使用户在会议准备、报告撰写或项目规划时占据先机。对于需要频繁处理大量文档的专业人士，这一工作流程堪称效率革命。接下来介绍如何搭配使用DeepSeek和Xmind。

01 将文档导入DeepSeek中，让DeepSeek梳理文档内容，如图4-9所示。

提示词

请把文档中的内容梳理成Markdown格式的思维导图内容。

图4-9

02 把生成的内容复制到新建的文本文档中，保存文件并将文本文档的扩展名改成
".md"，如图4-10所示。

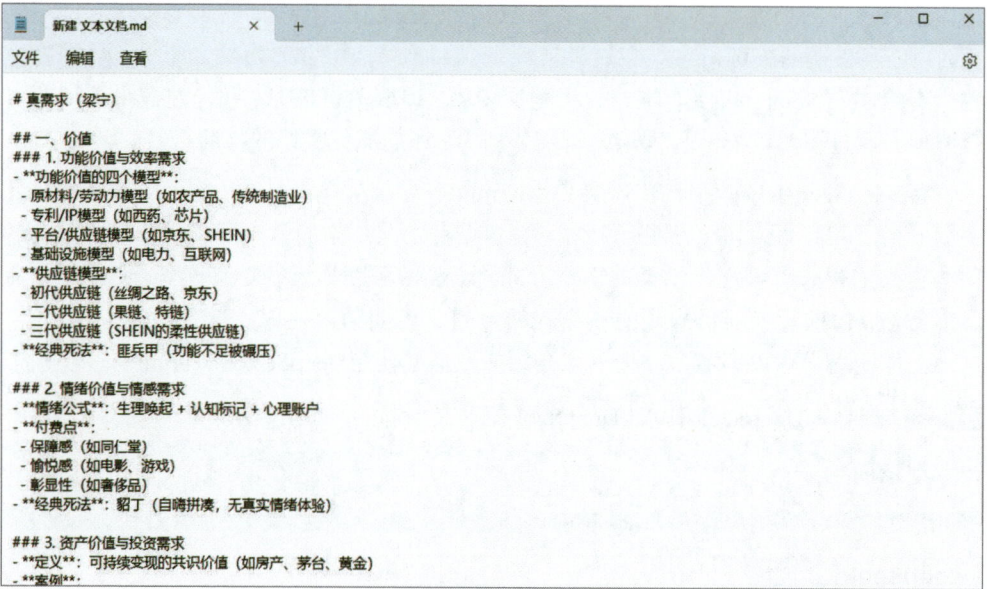

图4-10

03 打开Xmind，导入上一步保存的文件，思维导图就创建完成了，如图4-11所示。

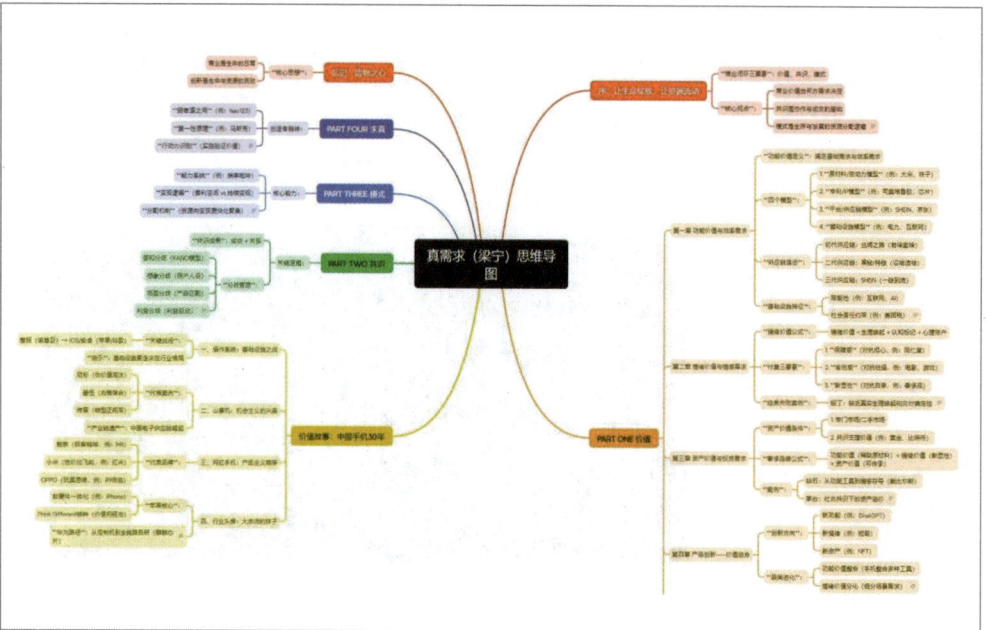

图4-11

4.1.4 使用DeepSeek制作高质量的可视化图表

在数据可视化领域，复杂的数据图表通常需要通过编程实现，以满足高精度展示的要求。对于设计师而言，精确绘制此类图表往往是一个耗时且烦琐的过程。在DeepSeek出现之前，像Mermaid这样的图表描述语言的使用门槛较高。如今，得益于DeepSeek的智能辅助，Mermaid图表的创建变得十分简单。用户只需描述所需图表类型和数据关系，DeepSeek便能生成相应的Mermaid代码，使得即使是无相关技术背景的人员也能轻松创建专业水准的可视化数据图表，大幅降低了技术门槛，并显著提升了工作效率。接下来介绍如何搭配使用DeepSeek和Mermaid。

01 进入DeepSeek官网，输入提示词，如图4-12所示。

提示词

帮我画一个AI运行的流程图，请用Mermaid形式输出。

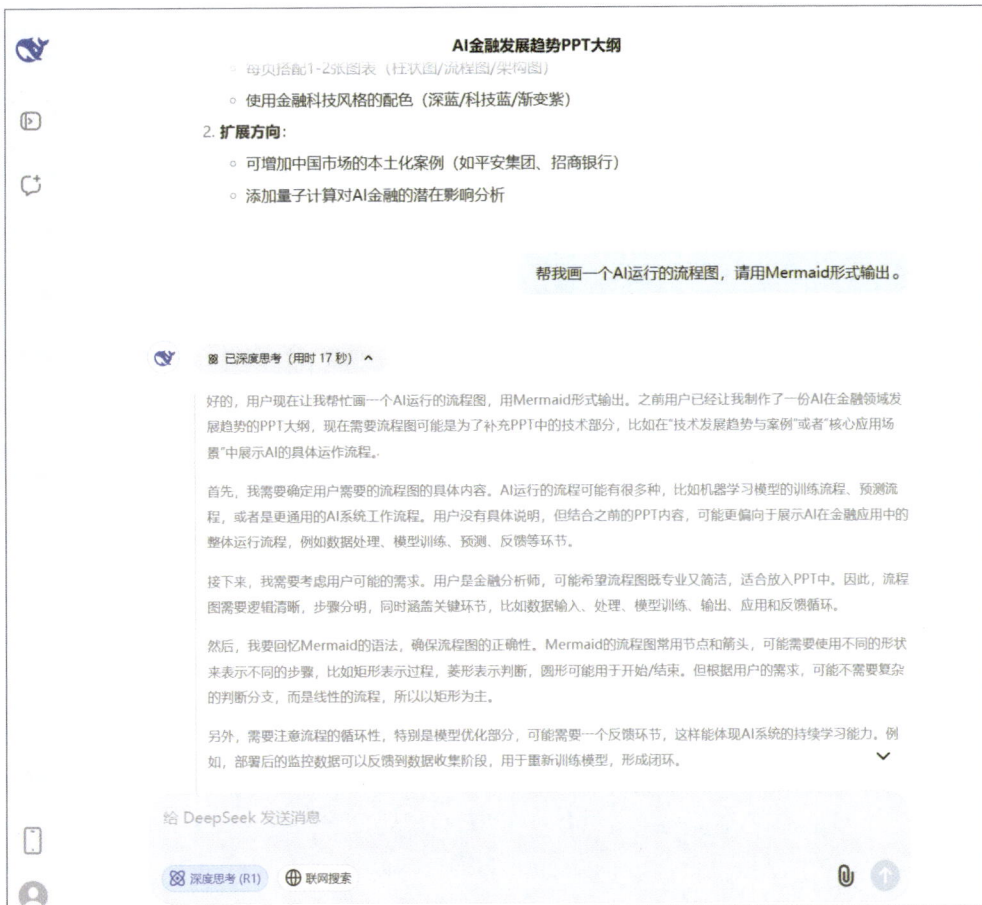

图4-12

02 复制DeepSeek给出的代码。

```
graph TD
A[开始] --> B[数据输入]
B --> C["结构化数据\n[交易记录/客户信息/市场数据]"]
B --> D["非结构化数据\n[新闻/社交媒体/图像/语音]"]
C --> E[数据预处理]
D --> E
E --> F[特征工程与\n数据标注]
F --> G[模型训练]
G --> H["机器学习算法选择\n[监督/无监督/强化学习]"]
H --> I["模型优化\n[超参数调整/交叉验证]"]
I --> J[模型评估]
J --> K{性能达标？}
K -->|是| L[模型部署]
K -->|否| H
L --> M[实时数据处理]
M --> N[AI预测/决策输出]
N --> O[应用场景]
O --> P["风险管理\n[异常检测/信用评分]"]
O --> Q["智能投顾\n[资产配置建议]"]
O --> R["自动化流程\n[文档处理/客服]"]
N --> S[结果监控与反馈]
S --> T[数据回流]
T --> E[形成闭环]
```

03 进入Mermaid官网，点击页面右上角的"在线编辑器"按钮，打开代码框，将DeepSeek给出的代码粘贴进去，就可以得到一张精美的流程图了，如图4-13所示。

图4-13

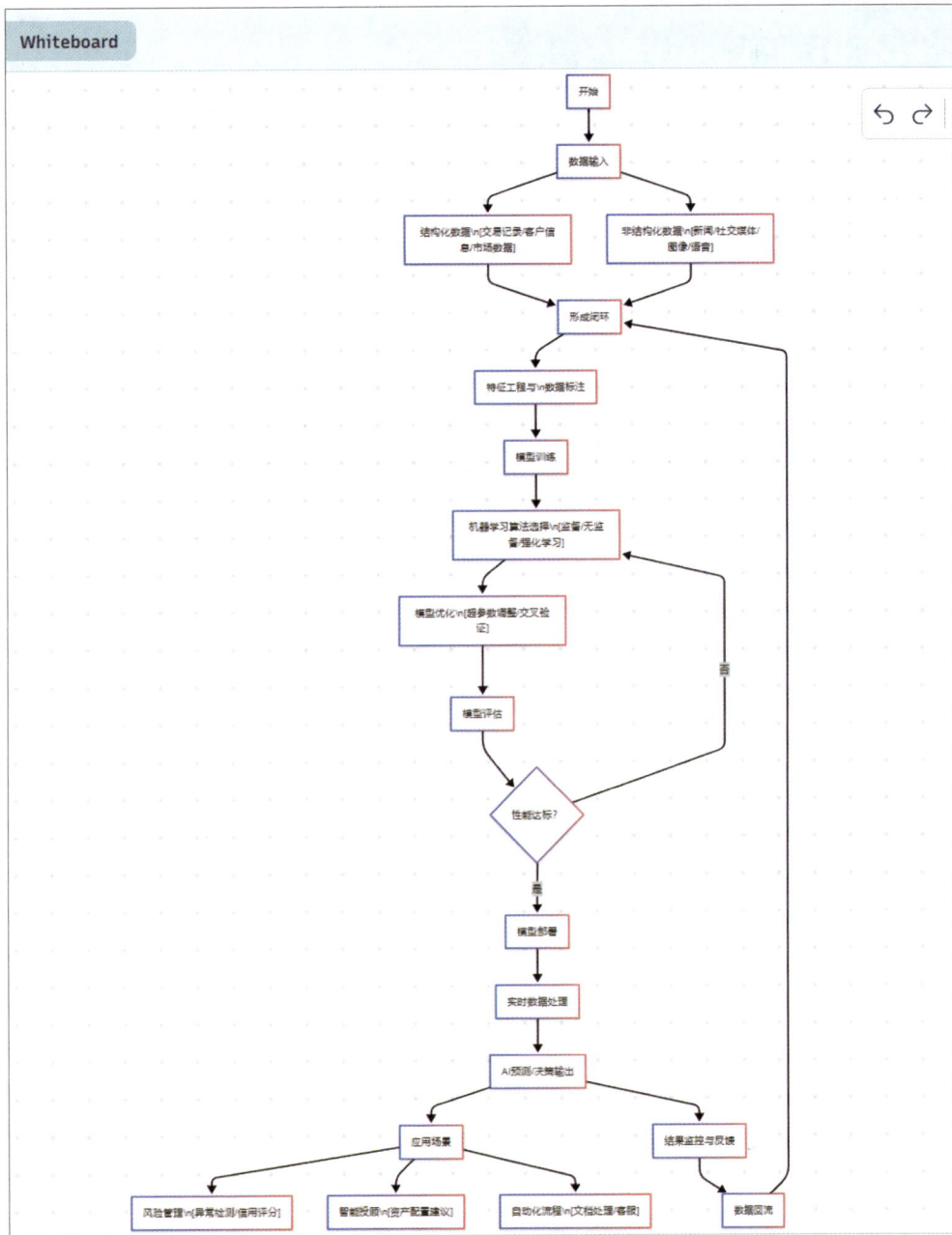

图4-13（续）

除了流程图，Mermaid还能生成时序图、甘特图、类图等多种可视化图表，特别适用于技术文档编写、教学演示、项目管理及网页集成。通过搭配使用DeepSeek与Mermaid，用户无须借助复杂的绘图软件即可快速展示逻辑和结构。

4.2 设计师的工具箱

作为一名设计师，笔者在日常工作中需要频繁处理各种设计素材，其中，批量处理图片的操作十分复杂棘手。理论上，这类问题可以通过编写脚本来高效解决。然而，对于大多数设计师而言，学习编程语言超出了职业需求的范畴，不仅耗费时间，还分散精力。DeepSeek出现后，这一困境得以大大缓解。现在，只需向DeepSeek描述所需的图片处理要求，它便能生成合适的脚本或提供操作指导，使非程序员也能轻松实现自动化处理。这不仅显著提高了工作效率，还能够使设计师将更多精力投入创意设计本身，实现技术与创意的完美结合。

4.2.1 制作Photoshop批量调整图片尺寸的脚本

在日常工作中，批量调整图片尺寸是设计师经常遇到的挑战。尽管Photoshop具备"批处理"功能，但其局限性显而易见——手动调整时，通常只能简单调整图片的宽度或高度等基本参数。DeepSeek的出现为更复杂的批量处理需求提供了更为灵活且高效的解决方案。以下是利用DeepSeek处理此类问题的方法。

01 打开DeepSeek，输入需求和想要实现的效果，DeepSeek的思考过程如图4-14所示。

提示词

写一个Photoshop脚本，我需要把指定文件夹下的图片都裁剪成1080px×1920px的尺寸，并新建一个修改后的文件夹，把修改后的图片放进去。

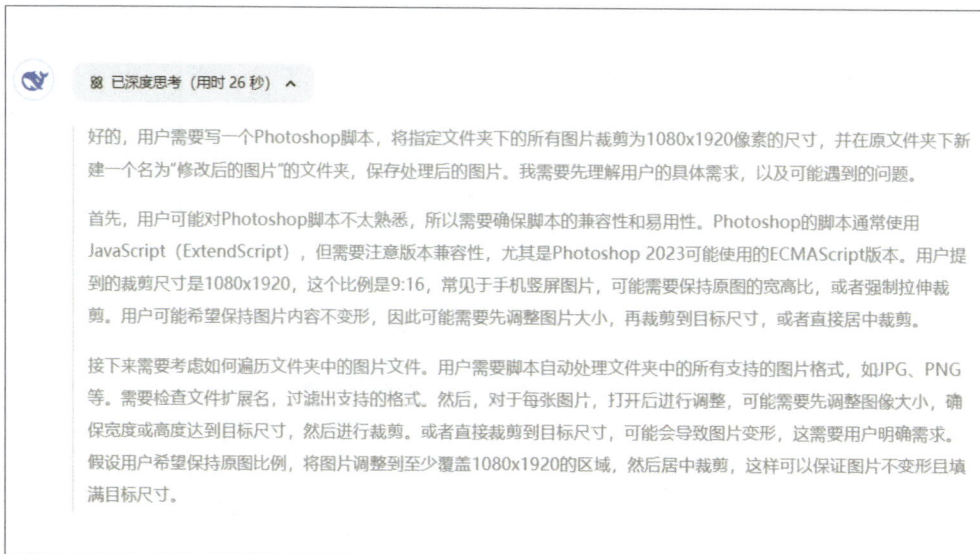

> ✦ 已深度思考（用时26秒）︿
>
> 好的，用户需要写一个Photoshop脚本，将指定文件夹下的所有图片裁剪为1080x1920像素的尺寸，并在原文件夹下新建一个名为"修改后的图片"的文件夹，保存处理后的图片。我需要先理解用户的具体需求，以及可能遇到的问题。
>
> 首先，用户可能对Photoshop脚本不太熟悉，所以需要确保脚本的兼容性和易用性。Photoshop的脚本通常使用JavaScript（ExtendScript），但需要注意版本兼容性，尤其是Photoshop 2023可能使用的ECMAScript版本。用户提到的裁剪尺寸是1080x1920，这个比例是9:16，常见于手机竖屏图片，可能需要保持原图的宽高比，或者强制拉伸裁剪。用户可能希望保持图片内容不变形，因此可能需要先调整图片大小，再裁剪到目标尺寸，或者直接居中裁剪。
>
> 接下来需要考虑如何遍历文件夹中的图片文件。用户需要脚本自动处理文件夹中的所有支持的图片格式，如JPG、PNG等。需要检查文件扩展名，过滤出支持的格式。然后，对于每张图片，打开后进行调整，可能需要先调整图像大小，确保宽度或高度达到目标尺寸，然后进行裁剪。或者直接裁剪到目标尺寸，可能会导致图片变形，这需要用户明确需求。假设用户希望保持原图比例，将图片调整到至少覆盖1080x1920的区域，然后居中裁剪，这样可以保证图片不变形且填满目标尺寸。

图4-14

然后是保存处理后的图片。用户要求新建一个"修改后的文件夹"，这需要在原文件夹下创建子文件夹，并将处理后的图片保存进去。保存时需要注意文件格式，是否需要保持原格式，还是统一保存为特定格式，如JPEG。用户可能希望保持原格式，但需要确认。此外，保存时可能需要调整压缩质量，尤其是JPEG文件。

还需要考虑错误处理，例如文件无法打开、处理过程中出现错误等，需要捕获异常并给出提示，避免整个脚本中断。同时，用户可能需要进度提示，比如处理了多少张图片，但根据用户提供的例子，可能只需要简单的完成提示即可。

另外，用户可能没有提到如何处理不同方向（横竖屏）的图片。例如，原图是横向的，如何适应竖屏的1080x1920尺寸。可能需要将图片缩放至宽度为1080，高度按比例调整，如果高度不足1920，则填充背景；或者裁剪高度到19 ∨
但用户明确提到裁剪，因此可能需要强制将图片调整为1080x1920，可能拉伸图片。但这样会导致变形，所以需要进一

给 DeepSeek 发送消息

❈ 深度思考 (R1)   ⊕ 联网搜索   ◊   ↑

内容由 AI 生成，请仔细甄别

图4-14（续）

02 DeepSeek运行完成后，可以得到如下这段代码，复制这段代码。

```
// Photoshop 批量裁剪脚本 (保存为 .jsx 文件)
#target photoshop

(function () {
    // --- 用户配置 ---
    var targetWidth = 1080;     // 目标宽度
    var targetHeight = 1920;    // 目标高度
    var outputFolderName = "修改后的图片"; // 输出文件夹名称

    // --- 主逻辑 ---
    try {
        // 1. 选择源文件夹
        var sourceFolder = Folder.selectDialog("请选择包含图片的文件夹");
        if (!sourceFolder) return;

        // 2. 创建输出文件夹
        var outputFolder = new Folder(sourceFolder.fsName + "/" + outputFolderName);
        if (!outputFolder.exists) outputFolder.create();

        // 3. 获取所有图片文件
        var files = sourceFolder.getFiles().filter(function(file) {
            return /\.(jpg|jpeg|png|gif|bmp|tiff?|psd)$/i.test(file.name);
```

```
});

if (files.length === 0) {
    alert("未找到支持的图片文件！");
    return;
}

// 4. 处理每张图片
for (var i = 0; i < files.length; i++) {
    var file = files[i];
    try {
        // 打开文档
        var doc = app.open(file);

        // 转换为RGB模式（兼容CMYK照片）
        if (doc.mode != DocumentMode.RGB) {
            doc.changeMode(ChangeMode.RGB);
        }

        // 计算缩放比例并调整尺寸
        var ratio = Math.max(
            targetWidth / doc.width,
            targetHeight / doc.height
        );
        doc.resizeImage(
            UnitValue(doc.width * ratio, "px"),
            UnitValue(doc.height * ratio, "px"),
            300,
            ResampleMethod.BICUBIC
        );

        // 居中裁剪到目标尺寸
        var cropArea = [
```

```
                    (doc.width - targetWidth) / 2,  // 左
                    (doc.height - targetHeight) / 2,  // 上
                    (doc.width + targetWidth) / 2,  // 右
                    (doc.height + targetHeight) / 2  // 下
                ];
                doc.crop(cropArea, 0, targetWidth, targetHeight);

                // 构建输出路径
                var outputPath = outputFolder.fsName + "/" + file.name;

                // 保存为原格式
                var saveOptions = new PNGSaveOptions();
                if (/\.jpe?g$/i.test(file.name)) {
                    saveOptions = new JPEGSaveOptions();
                    saveOptions.quality = 10; // JPEG保存质量 (1~12)
                }

                doc.saveAs(new File(outputPath), saveOptions, true);
                doc.close(SaveOptions.DONOTSAVECHANGES);

            } catch(e) {
                alert("处理失败: " + file.name + "\n错误: " + e.message);
            }
        }

        alert("处理完成！共成功处理 " + files.length + " 张图片\n保存路径: " + outputFolder.
fsName);

    } catch(e) {
        alert("脚本运行错误: " + e.message);
    }
})();
```

03 将这段代码复制到新建的文本文档中，保存文件并对文件名进行更改（在此例中，文件名为PhotoWall.jsx）。进入Photoshop，执行"文件>脚本>浏览"命令，找到JSX格式的脚本文件，加载并运行，如图4-15所示。

图4-15

04 运行脚本时，经常会遇到报错信息。在涉及编程的工作中，这类问题的出现是较为常见的。如果出现报错信息，可以将报错内容截图并发送给DeepSeek，由DeepSeek直接处理和解决，如图4-16所示。

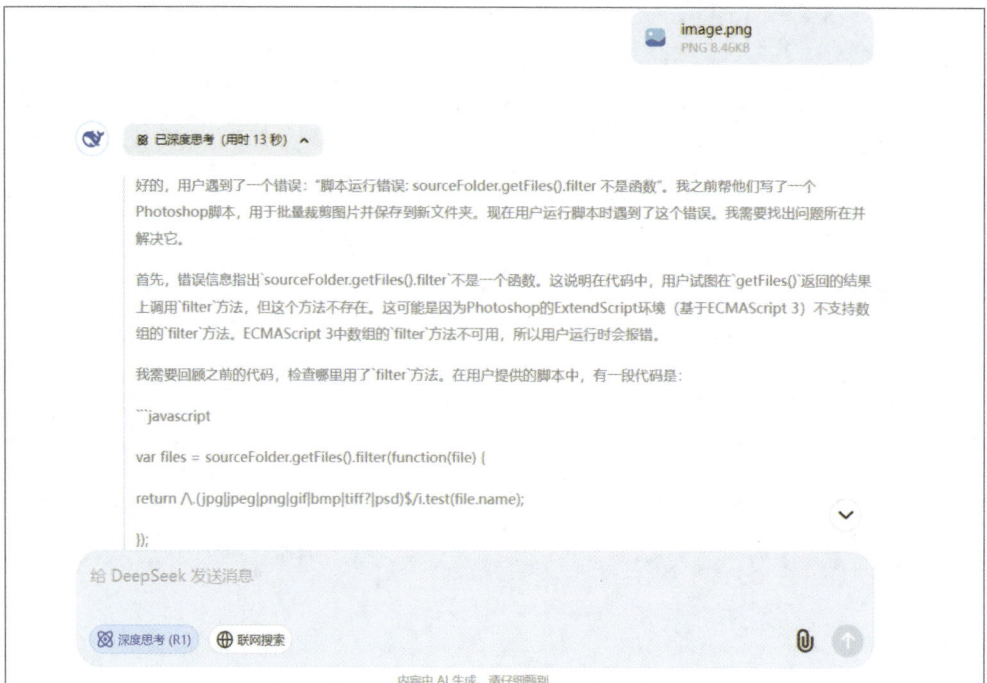

图4-16

05 使用DeepSeek修复几轮报错问题，拿到正确的图片处理脚本。

```javascript
// Photoshop 批量裁剪脚本 (修复版)
#target photoshop

(function () {
    // --- 用户配置 ---
    var targetWidth = 1080;      // 目标宽度
    var targetHeight = 1920;     // 目标高度
    var outputFolderName = "修改后的图片"; // 输出文件夹名
    var jpegQuality = 10;        // JPEG保存质量 (1~12)

    // --- 主逻辑 ---
    try {
        // 1. 选择源文件夹
        var sourceFolder = Folder.selectDialog("请选择包含图片的文件夹");
        if (!sourceFolder) return;

        // 2. 创建输出文件夹
        var outputFolder = new Folder(sourceFolder.fsName + "/" + outputFolderName);
        if (!outputFolder.exists) outputFolder.create();

        // 3. 获取所有图片文件 (ES3兼容方案)
        var files = [];
        var fileList = sourceFolder.getFiles();
        for (var i = 0; i < fileList.length; i++) {
            var file = fileList[i];
            if (/\.(jpg|jpeg|png|gif|bmp|tiff|psd)$/i.test(file.name)) {
                files.push(file);
            }
        }

        if (files.length === 0) {
            alert("未找到支持的图片文件！ ");
            return;
        }

        // 4. 处理每张图片
```

```
for (var i = 0; i < files.length; i++) {
    var file = files[i];
    try {
        // 4.1 打开文档
        var doc = app.open(file);

        // 4.2 转换颜色模式
        if (doc.mode != DocumentMode.RGB) {
            doc.changeMode(ChangeMode.RGB);
        }

        // 4.3 智能缩放并裁剪
        var ratio = Math.max(
            targetWidth / doc.width,
            targetHeight / doc.height
        );
        doc.resizeImage(
            UnitValue(doc.width * ratio, "px"),
            UnitValue(doc.height * ratio, "px"),
            300,
            ResampleMethod.BICUBIC
        );

        // 4.4 居中裁剪
        var cropArea = [
            (doc.width - targetWidth) / 2,   // left
            (doc.height - targetHeight) / 2, // top
            (doc.width + targetWidth) / 2,   // right
            (doc.height + targetHeight) / 2  // bottom
        ];
        doc.crop(cropArea, 0, targetWidth, targetHeight);

        // 4.5 构建输出路径
        var outputPath = outputFolder.fsName + "/" + file.name;

        // 4.6 设置保存选项
```

```
        var saveOptions;
        if (/\.jpe?g$/i.test(file.name)) {
            saveOptions = new JPEGSaveOptions();
            saveOptions.quality = jpegQuality;
        } else {
            saveOptions = new PNGSaveOptions();
        }

        // 4.7 保存并关闭
        doc.saveAs(new File(outputPath), saveOptions, true);
        doc.close(SaveOptions.DONOTSAVECHANGES);

    } catch(e) {
        alert("处理失败: " + file.name + "\n错误: " + e.message);
    }
}

    alert("☑ 处理完成！共成功处理 " + files.length + " 张图片\n保存路径: " + outputFolder.fsName);

} catch(e) {
    alert("脚本运行错误: " + e.message);
}
})();
```

06 DeepSeek除了给出代码，还会给出代码修改指南，这个指南可以指导修改脚本中的尺寸和参数设置，具体代码如下。

```
// 可修改的配置项
var targetWidth = 1080;       // 目标宽度（像素）
var targetHeight = 1920;      // 目标高度（像素）
var outputFolderName = "修改后的图片"; // 输出文件夹名称
var jpegQuality = 10;         // JPEG保存质量（1~12，12=最佳质量）
```

通过编写脚本，DeepSeek不仅能够批量调整图片尺寸，还可以实现批量调色、批量抠图及批量风格化处理等。如果对这些能够提升设计效率的技巧感兴趣，建议多尝试使用DeepSeek生成Photoshop脚本。这种方法可以显著提高设计工作的效率，使烦琐的重复任务变得轻松快捷。

4.2.2 设计工具学习助理

设计师这一职业需不断学习各类新工具，而在AI时代，工具迭代更新的速度日益加快。如何高效掌握新设计工具成为当代设计师面临的关键挑战。借助DeepSeek的强大辅助功能，设计师可以获取针对性的学习指导、实用技巧和定制化教程。这种人工智能辅助学习方式不仅能帮助设计师快速适应新工具，还能在工作中实时解决技术难题，是应对快速变化的设计环境的明智选择。

目前设计师可以通过以下3种方式利用DeepSeek加速学习过程。

1.定制化学习路径

向DeepSeek阐述自己的设计背景和希望掌握的软件，DeepSeek将制订一个循序渐进的学习计划，其涵盖从基础功能到高级技巧的各个方面。

提示词模板

扮演角色+具体任务+约束条件+输出格式

提示词（联网搜索+深度思考）

现在你是一个资深设计高手，掌握所有Photoshop的使用方法，请帮我制订一个Photoshop的学习计划，并保证我每天在1小时的学习中，就能熟练掌握这个设计工具，计划请按照表格形式输出。

DeepSeek给出的方案

以下是为您制订的30天Photoshop学习计划表，每天1小时，系统化掌握核心功能。

周次	天数	学习主题	学习内容与目标	练习建议
第1周	1	界面认知与基础操作	熟悉工作区布局/新建文档/视图缩放/首选项设置/基础文件操作	创建不同尺寸画布并保存为多种格式
	2	选区工具精讲	矩形/椭圆/套索/快速选择/魔棒工具应用，选区加减与羽化	制作几何图形拼贴画
	3	图层管理与混合模式	图层类型/编组/锁定/混合模式应用/图层样式	制作叠加文字特效
	4	画笔与修饰工具	笔刷设置/压感调节/仿制图章/修复画笔/内容识别填充	照片瑕疵修复练习
	5	蒙版与合成基础	图层蒙版原理/渐变工具结合蒙版/基础图像合成	制作双重曝光效果

续表

周次	天数	学习主题	学习内容与目标	练习建议
第2周	6	文字与矢量工具	文字排版/路径文字/形状工具/钢笔工具基础	设计简易Logo
	7	调色技法	曲线/色阶/色相饱和度/色彩平衡的综合应用	照片风格化调色
	8	滤镜与特效	液化/模糊画廊/ Camera Raw滤镜/智能滤镜应用	制作景深效果
	9	通道与高级抠图	通道抠图原理/发丝抠图技巧/Alpha通道应用	抠取复杂毛发物体
	10	自动化处理	动作录制/批处理/脚本应用	批量处理照片尺寸
第3周	11	3D功能基础	3D文字创建/材质编辑/灯光设置	制作立体文字效果
	12	网页与UI设计	切片工具/画板功能/导出适配	设计简单网页布局
	13	动画与视频编辑	时间轴动画/GIF制作/视频图层编辑	制作动态文字Logo
	14	高级合成技巧	光影匹配/透视校正/颜色融合	产品场景合成
	15	插件与扩展功能	常用插件安装（如Nik Collection）/扩展面板使用	使用插件快速调色
第4周	16~20	综合实战项目	每日完成一个完整设计：海报/产品精修/界面设计/摄影后期/合成创作	作品输出与优化
	21~25	行业专项训练	根据兴趣选择：电商设计/摄影后期/UI设计/插画绘制等专项训练	建立作品集
	26~30	效率提升与疑难攻克	快捷键强化/自定义工作区/常见问题解决/作品复盘优化	整理个人素材库

配套学习建议:

每日学习步骤:15分钟理论学习 → 35分钟实践操作 → 10分钟总结记录

快捷键备忘录: 每天掌握5个新快捷键 (如按快捷键Ctrl+Shift+Alt+E盖印图层)

素材资源推荐: Unsplash/Pexels (图片) | Brusheezy (笔刷) | Adobe Color (配色)

学习效果检验: 每周产出3个完整作品, 月末完成10多个作品形成作品集

关键学习策略:

建立"错题本"记录操作难点

使用"动作"功能保存常用操作流程

定期回看作品进行二次优化

加入设计社区获取反馈

该计划通过"核心功能突破→综合应用→专项强化"的三阶学习路径, 结合刻意练习法, 可确保在30天内达到中级设计师操作水平。建议使用Photoshop 2023及以上版本进行学习, 以获得新功能支持。

2.即时解答技术问题

遇到软件操作难题时, 可以直接通过DeepSeek查询具体步骤, 以避免浪费时间在论坛和教程中搜索答案。

提示词模板

具体任务+完成步骤

提示词 (联网搜索+深度思考)

Photoshop中如何提取图片中的线稿? 请分步骤讲解。

DeepSeek给出的方案

方法一: 高反差保留法 (适合手绘稿/简单图像)

1. 打开图像

    按快捷键Ctrl+O打开需要提取线稿的图片

2. 去色处理

    按快捷键Ctrl+Shift+U或在菜单栏中执行"图像 > 调整 > 去色"命令

3. 复制图层

    按快捷键Ctrl+J复制背景层得到"图层1"

4. 反相处理

    按快捷键Ctrl+I或在菜单栏中执行"图像 > 调整 > 反相"命令

5. 混合模式修改

　　将图层混合模式改为"颜色减淡"

6. 应用高反差保留

　　在菜单栏中执行"滤镜 > 其他 > 高反差保留"命令

　　半径值设为1～3像素（根据线条粗细调整）

7. 强化线稿

　　按快捷键Ctrl+L调出"色阶"，拖动黑白滑块增强对比度

方法二：通道混合法（适合复杂图像）

1. 进入通道面板

　　在"窗口"菜单中选择"通道"命令，调出面板

2. 寻找对比最强的通道

　　依次单击红/绿/蓝通道，选择对比最明显的通道

3. 复制通道

　　单击鼠标右键在弹出快捷菜单中选择"复制通道"命令，生成Alpha通道

4. 增强对比度

　　使用"色阶（快捷键为Ctrl+L）"或"曲线（快捷键为Ctrl+M）"加强黑白对比

5. 载入选区

　　按住Ctrl键+单击通道缩略图，载入选区

6. 生成线稿层

　　返回图层面板，按快捷键Ctrl+J复制选区生成纯线稿层

方法三：查找边缘滤镜法（最快，但需二次处理）

......

注意事项

1. 复杂图像建议组合使用"通道法+高反差保留法"

2. 手绘扫描稿推荐先用"色阶"消除纸纹（拖动白场滑块）

3. 提取后按快捷键 Ctrl+Shift+Alt+B可一键转为纯黑白

线稿保存建议：PNG格式（透明背景）或PSD格式（保留路径）

通过上述方法处理后，可使用"锐化工具"或"涂抹工具"对断裂线条进行修补，最终得到可用于上色的清晰线稿。

3.设计概念解析

遇到陌生的设计术语或概念，DeepSeek能提供清晰解释并举例说明其应用场景。

提示词模板

具体任务+约束条件

提示词（联网搜索+深度思考）

请帮我解释一下什么叫"感官扩展设计"，及其应用的场景在哪里。

DeepSeek给出的方案

感官扩展设计（Sensory Extended Design）是一种通过多维度感官体验来增强用户互动与沉浸感的设计方法，其核心理念是突破传统单一感官（如视觉或触觉）的限制，利用技术手段或创新材料将设计延展至听觉、嗅觉、触觉甚至味觉领域，最终实现更立体、更具记忆点的用户体验。以下是其核心原理与典型应用场景。

一、感官扩展设计的四大维度

感官维度	技术手段	用户体验目标
视觉强化	AR动态投影/光敏材料变色	信息动态可视化
听觉融合	空间音频定向传播/骨传导振动	场景氛围营造与提示反馈
触觉仿真	静电吸附模拟纹理/压电陶瓷温度变化	虚拟物体的物理质感感知
嗅觉嵌入	微胶囊香气缓释技术/分子调香算法	嗅觉记忆唤醒与环境沉浸感

二、核心应用场景案例

1.新零售体验店

香奈儿旗舰店：试妆镜搭载气味喷射装置，当用户试用某款香水时镜子自动释放匹配香味

宜家厨房展区：触控屏选择烹饪模式后，内嵌加热模块散发对应食材香气（如烘焙模式的黄油香）

2.医疗康复领域

孤独症干预：触觉压力衣通过动态微电流模拟拥抱感，结合白噪音降低焦虑

阿尔茨海默病治疗：定制记忆盒子（含特定年代的影像/音乐/气味，触发长期记忆）

3. 智能座舱设计

宝马iNEXT概念车

触觉：方向盘表面E-Ink材质可显示导航标记的凸起

听觉：道路颠簸时，通过座椅的骨传导扬声器模拟不同路面声响

嗅觉：监测到驾驶员疲劳时，自动释放薄荷香气

4. 数字艺术展览

TeamLab交互展

观众触碰光影花瓣时触发对应鸟鸣声

地面水流图像的干湿度随步伐变化

三、技术实现链（以智能家居为例）

Mermaid

graph TD

A[用户手势操作] --> B(毫米波雷达捕捉动作)

B --> C{行为识别算法}

C -->|启动场景| D[激活感官设备群]

D --> E1[灯光色温渐变]

D --> E2[香氛机释放森林气息]

D --> E3[地毯微振动模拟草坪触感]

四、数据价值转化模型

通过多感官数据融合可优化体验精准度

1. 生物指标采集：心率/皮电反应检测情绪波动

2. 行为轨迹分析：热力图像识别关注区域

3. 反馈闭环建立：动态调整感官刺激组合策略

五、伦理与挑战

隐私风险：嗅觉偏好或触觉习惯可能暴露用户深层心理特征

感官过载：需遵循ISO 12913-1声景标准等阈值控制

跨文化适配：例如东方用户对竹香敏感度高于西方用户

未来在元宇宙入口设备（如触觉手套、全息气味生成器）的推动下，感官扩展设计将成为高黏性用户体验的核心竞争力。

　　在设计领域中，引入DeepSeek这类人工智能工具能够显著缩短资料检索时间，并为设计工作提供有针对性的指导。DeepSeek不仅能够解答专业问题，还能提供设计灵

感、技术建议及工作流程优化方案。作为设计师，将DeepSeek融入日常工作流程，可以提升创作效率，并专注于更具创造性的任务，同时不断拓展专业技能的边界。

4.2.3 创意灵感1+1

DeepSeek目前尚不支持使用AI绘图工具来制作海报、视频、IP等内容。然而，在AI视觉领域中，已经涌现出许多优秀的AI工具。在利用AI创作视觉内容时，我们通常需要撰写详尽的提示词。使用AI工具生成优质的提示词，常常能够产生超出预期的效果。接下来将分享如何结合DeepSeek与即梦AI（字节跳动旗下的视觉AI工具）实现海报设计。

01 打开网页，搜索"即梦AI"，单击"图片生成"按钮，进入生成页面，如图4-17所示。

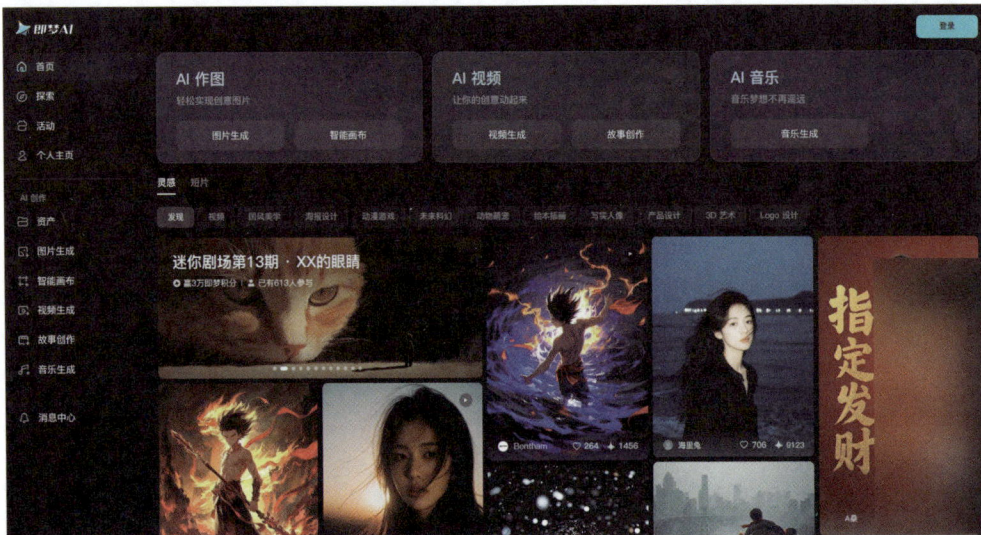

图4-17

02 打开DeepSeek并开启联网模式，按照"扮演角色+具体任务+完成目标"的提示词模板生成即梦AI的提示词。

提示词

你是一个资深的优秀设计师，现在请你帮我在即梦AI中制作一张"三八"妇女节的海报，文案内容以数字"38"为主，搭配具有亲和力的色彩和Q版的主题人物，生成一段符合主题的广告语和即梦AI的文生图提示词。

DeepSeek生成方案

广告语

"38种光芒,自成闪耀"

(寓意每位女性都是独特的光点,汇聚成璀璨星河)

即梦AI文生图提示词

【主题】春日绽放 38女神颂

浅粉色渐变搭配星光粒子特效,右下角飘落樱花花瓣,Q版现代漫画风格,双丸子头中国女孩,圆润大眼+腮红,身穿鹅黄色连衣裙,手持康乃馨花束跳跃姿态,左上角金色丝带缠绕立体"38"徽标,底部点缀七彩爱心气泡,主标题"38种光芒"使用圆润琥珀字体,副标题"自成闪耀"搭配英文"Shine Your Way",柔和光影,3D渲染,8K高清,萌系治愈风。

在即梦AI中选择"超清增强"模式,若文字显示不全可尝试局部重绘

色彩方案参考

主背景:#FFB6C1(浅粉,温暖亲和)

徽标:#FFD700(金色,尊贵活力)

装饰:#87CEEB (天蓝,清新呼吸感)

服饰:#FF69B4(粉红,俏皮少女感)

优化技巧

1.分图层生成背景/人物/文字以便于调整

2.使用PixelDance模型添加花瓣飘落动画

03 将主题内容发送给即梦AI并修改图片比例,即可自动生成海报,如图4-18所示。

图4-18

04 选中做好的图片，单击右边的"超清"按钮，可以把图片变得更加清晰。单击"生成视频"按钮可以生成动态海报，如图4-19所示。

图4-19

05 在即梦AI的视频生成界面中，可以描述想移动的元素，多生成几次就能制作一个动态海报了，如图4-20所示。

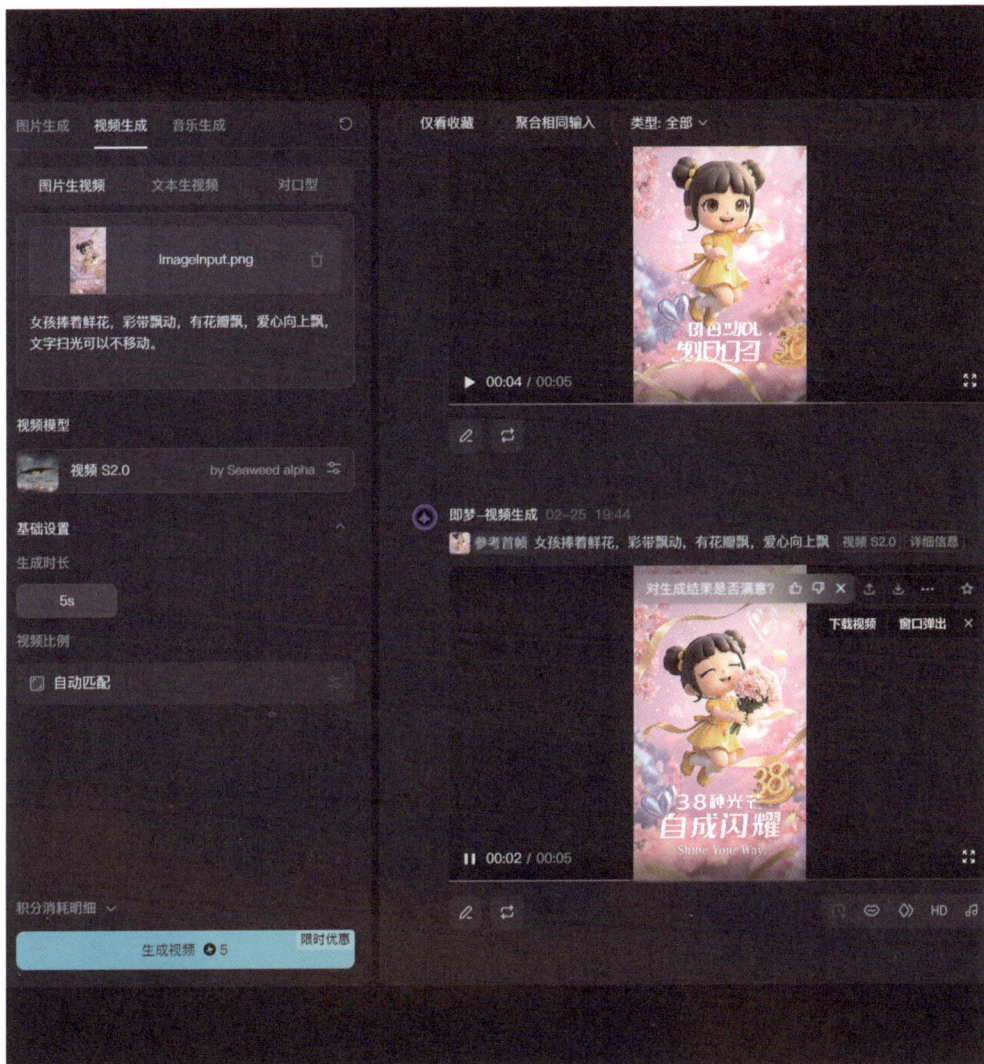

图4-20

之所以将DeepSeek融入即梦AI的创作流程，是因为人工撰写提示词会有局限性，如描述不够精准、主题元素不够丰富等。DeepSeek凭借其强大的知识库和上下文理解能力，能够生成内容丰富、结构完整的提示词，精确捕捉设计所需的风格、元素和情感基调。它不仅能够提供当前设计主题的相关元素建议，还能根据特定活动需求调整提示词的侧重点，确保生成的视觉内容既符合创意期望，又满足实际应用场景。这种协同工作方式显著提升了设计效率和创意质量，使AI视觉创作更加精准可控。

4.3 利用DeepSeek知识库搭建专属工作台

笔者在多年的工作中发现一个普遍现象：知识管理常常成为组织效率的隐形瓶颈。在日常工作中，我们经常使用飞书、语雀等知识存储工具，来整理和归纳办公所需的各类信息，如合同模板、项目报告、商务文档等。随着时间的推移，这些内容逐渐积累，形成特定的语言模式和知识结构。如果能够合理地整理和利用这些内容，就可以显著提高我们查阅历史资料的效率。

然而，实际情况是，当文档达到一定数量后，即便拥有分类和标签系统，精准找到所需信息仍然极为困难。这就像在书架上寻找一本没有明确位置的书——你知道它存在，但就是不知道具体在哪一层。

这个问题的解决方案正在逐步成型。目前，DeepSeek已被集成到众多应用程序中，开始展现其智能知识管理的能力。接下来将分享如何借助DeepSeek构建一个真正高效的知识库系统。

在下面的内容中，笔者不仅会介绍技术实现的方法，还会分享通过AI工具优化知识管理流程的实践案例，让读者看到AI辅助下的知识管理能为组织带来的变革。无论是个人用户还是企业管理者，这些方法都能帮助读者在信息海洋中找到前进的方向。

4.3.1 知识库搭建及使用方法

第2章主要讲解了本地部署DeepSeek的方法。知识库的搭建方式其实有很多种，目前推荐的是使用GPT4All和ima一类的在线部署工具来构建知识库。因为这两种方式都避免了下载嵌入模型这一复杂的过程，非常适合新手使用。

1.GPT4All

GPT4All构建的大模型是DeepSeek的本地版本。由于这是本地版本的人工智能工具，在保密性和安全性方面具有明显优势。然而，其缺点也十分明显，那就是DeepSeek的完整功能版本受到硬件限制，并且上传资料的速度较为缓慢。

01 单击左侧的"本地文档"，添加文档合集。这里需要创建名称并选择本地文件的目录，如图4-21所示。目前GPT4All支持的文件格式有PDF和TXT。

图4-21

02 回到对话页面，单击右上角的知识库按钮，选中上传的知识库，一个本地的DeepSeek知识库就搭建完成了，如图4-22所示。

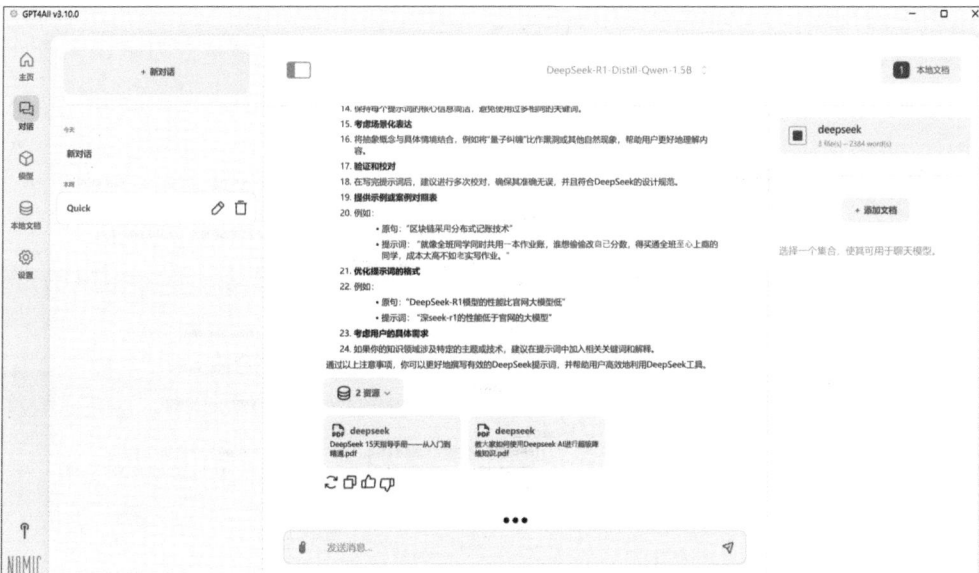

图4-22

2.ima

第2种搭建方式使用的是互联网公司开发的第三方工具ima。目前，该工具支持使用"DeepSeek-R1满血版"模型，并且可以联网进行搜索。相比本地部署，这种方法的门槛较低，所需时间也更短，但数据的安全性较差。

01 单击左侧的灯泡形图标，然后单击"+"，在弹出的对话框中输入名称和描述，上传封面，单击"确定"按钮，就可以创建独立的个人知识库，如图4-23所示。

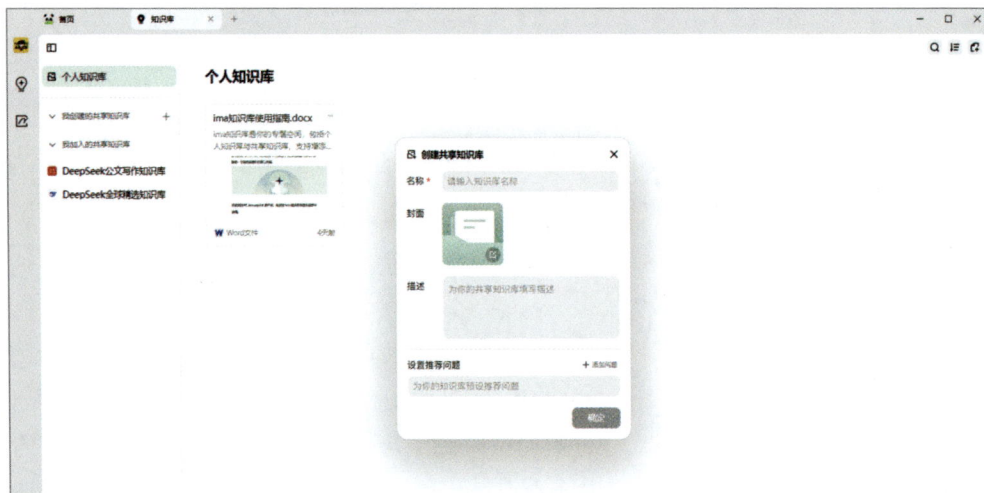

图4-23

02 单击图4-24所示的图标，即可上传资料和内容。可以在右侧的对话框中直接向DeepSeek提问。

图4-24

4.3.2 利用知识库搭建数据管理工具

21世纪,我们进入了大数据时代,大型企业通过收集、分析海量数据来优化业务流程和提升运营效率。然而,对于个人创业者和小型企业而言,大数据分析曾是一个难以逾越的技术障碍。如今,随着人工智能技术的迅速发展,这一局面正在悄然改变。现代AI系统能够从小规模数据中提取有价值的洞见,使数据驱动决策不再仅仅是大企业的专利。即使是最微小的数据集,在AI的处理下也能转化为实用的商业智慧。面对这一技术变革,独立从业者或小企业经营者,也应积极拥抱AI工具,将其融入日常业务流程。这不仅能够提升运营效率,还可以帮助我们在竞争日益激烈的市场中保持敏锐的洞察力和决策优势。

1.HR搭建专属的人才库

小型企业的人力资源部门经常面临管理员工信息的挑战,尤其是当员工数据不断增加时,传统的方法难以应对这种复杂情况。通过使用知识库管理工具,人力资源专业人员能够高效检索和整理员工资料,从繁杂的档案中迅速提取关键信息。这不仅简化了日常人事管理流程,还支持更精准的人才分析和决策,从而使有限的人力资源发挥更大的效益,如图4-25所示。

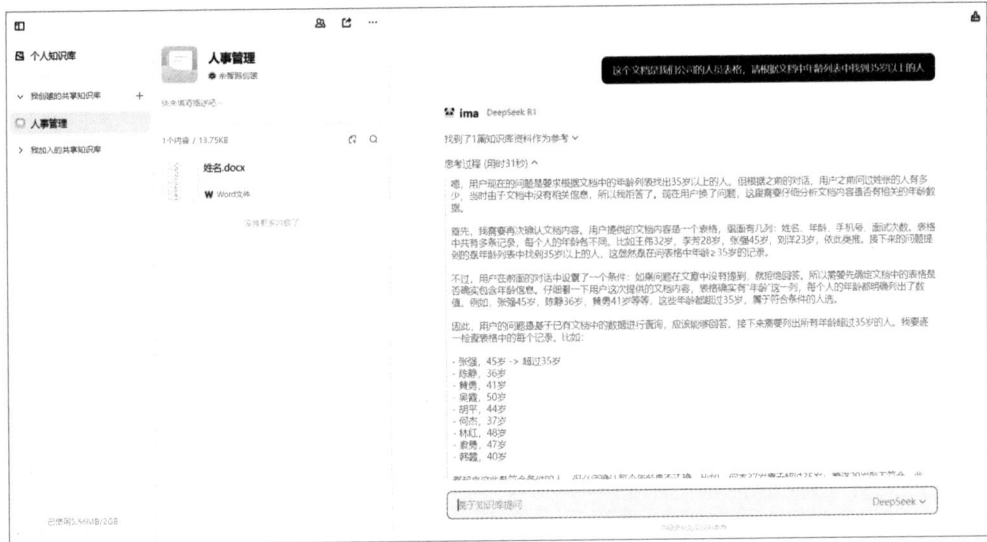

图4-25

2.写作知识库

当企业积累了大量的内部文档资源时,可以将这些资料导入DeepSeek知识库进行智能化管理。这样,在面对重复性写作任务时,团队成员可以直接调用DeepSeek来完成相关内容创作。系统会根据历史数据自动采用企业特定的写作方法和风格标准，确保输出内容既保持前后一致性，又符合企业的调性。这种基于知识库的智能写作不仅显著节省了内容生产时间，还能保证企业文档的专业性和连贯性，使团队能够将精力集中在更具创造性和战略性的工作上，如图4-26所示。

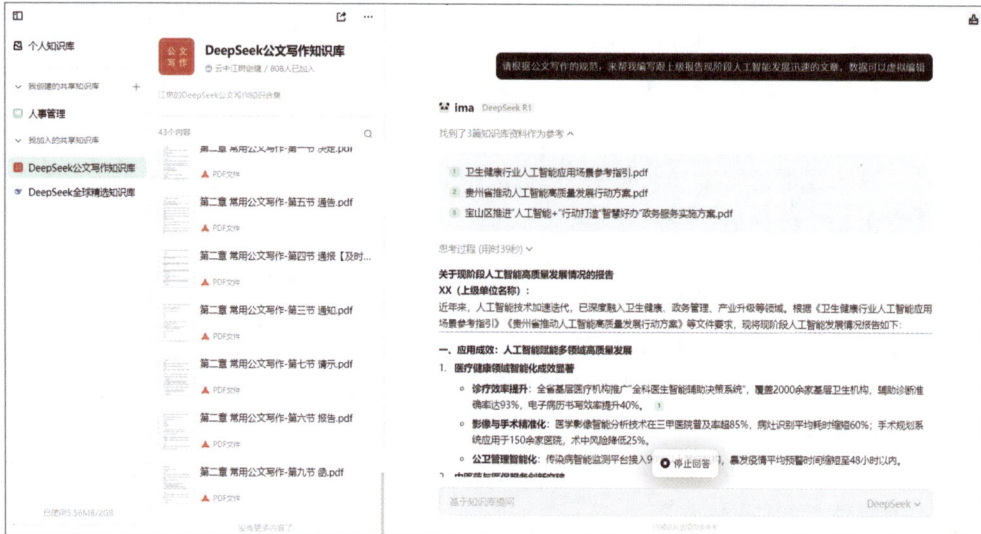

图4-26

以上探讨的只是DeepSeek在职场环境中的部分应用场景，我们所见到的只是这一强大工具潜力的冰山一角。DeepSeek的真正价值将通过各位读者的创新思维和实践探索不断拓展。将自身专业知识与DeepSeek的能力相结合，会发现更多提升工作效率的独特方法。笔者期待看到更多读者分享自己运用DeepSeek创造的独特工作流程和解决方案，共同扩展智能化办公的边界。

第 5 章

DeepSeek
新媒体运营应用

5

5.1 用DeepSeek秒出高赞文案

新媒体运营是综合性极强的职业，不仅要求运营者具备敏锐的行业洞察力和对用户需求的精准分析能力，还要求其熟练掌握各类图文编辑工具，以有效吸引目标受众的注意力。此外，运营者有时还需兼顾视频剪辑与信息流广告投放等任务，可谓是名副其实的"多面手"。如此繁杂的工作内容难免导致精力分散，但借助DeepSeek这样的AI工具，可以高效应对这些挑战。尤其是在文案创作方面，DeepSeek的卓越表现让人倍感安心。

5.1.1 爆款标题有无限种可能性

对于新媒体运营者而言，一个经过精心设计的标题往往能够直接影响内容的最终观看量和传播范围。具有敏锐网络嗅觉的运营者能深刻理解标题在吸引受众注意力中的关键作用。需要强调的是，高点击率标题的成功并非单纯地依赖运气，而是基于系统化的方法论和持续的实践积累。

下面是新媒体标题创作的8种高效方法，每种方法均有其独特的心理学原理和具体应用场景。

1. 提问引起兴趣

通过精心构思的问题激发读者的好奇心，从而引导他们主动探索答案。这种方法巧妙地借助了人类与生俱来的用求知欲和内在驱动解决疑问的心理。

示例

为什么95%的新媒体人都在悄悄使用这个写作技巧？
你真的了解自己每天使用的社交软件背后的算法吗？

2. 名人效应

引用知名人士的观点或经历，可以有效地增添内容的权威性和可信度，并且对吸引名人粉丝群体的注意力具有显著作用。

示例

×××深夜发文揭秘：我如何在睡眠不足的情况下管理多家公司。
×××推荐的这款产品，竟然藏着一个鲜为人知的使用技巧。

3. 悬念吸睛

通过设置悬念和制造信息缺口，可以有效激发读者的好奇心和探索欲望，从而促使他们点击查看完整内容。

示例

当打开这款App的隐藏设置后，我发现了一个让人震惊的真相……

这个被忽视的小习惯，正在悄悄改变你的财务状况。

4. 借助热点

紧跟时事热点，提供与当下热议话题相关的独到见解或补充信息，借势吸引流量。

示例

最新政策解读：这些变化将直接影响你的钱包。

热播剧《××》背后不为人知的创作故事。

5. 用数字说话

通过使用具体数据传递精准信息，可以有效增强内容的可信度与说服力，同时显著提升标题的具体性和吸引力。

示例

7天内形成的3个习惯，让我的工作效率提升了128%。

我分析了500个爆款视频，总结出这5个标题创作公式。

6. 情感共鸣

触发读者的情感反应，与读者建立情感连接，使内容更具共鸣感和吸引力。

示例

当我放弃月入两万的工作去创业时，父母说了一句让我泪崩的话。

那些让我们熬夜也要看完的内容，到底抓住了我们的什么心理？

7. 逆向思维

打破常规思维模式，提供新颖的视角，从而引发读者的深度思考。

示例

为什么越勤奋的人反而越容易失败？

停止自律，开始这样做，反而能收获更多。

8. 对比突出

通过鲜明的对比来强调差异，从而突出主题，使信息更为清晰和直观。

示例

只需5分钟，解决困扰你3年的肌肤问题。
普通博主对比千万粉丝博主：早晨起床后的关键差异。

掌握这8种标题创作方法后，新媒体运营者就可以根据不同平台的特性和目标受众灵活运用。值得注意的是，市场上那些广受欢迎的爆款内容，往往不是使用单一方法，而是巧妙结合多种技巧，打造出既吸引眼球，又引发共鸣的标题。

尽管掌握巧妙的标题创作方法能帮助我们高效完成编辑工作，但个人创意存在上限。即便是经验丰富的运营人员，在一次头脑风暴中也难以产出30个以上的优质标题创意。然而借助DeepSeek，应用这些创作方法就可以获得大量的标题组合与变体。在这种创作模式下，运营人员更多地扮演评价者的角色，运用专业判断力和市场洞察力来筛选、优化AI生成的内容，确保最终选择的标题既具创意性，又符合品牌调性和目标受众的期望。下面分享使用DeepSeek完成标题撰写的方法。

提示词模板

扮演角色+具体任务+完成步骤+约束条件

提示词

你是一名知名小红书博主，笔记的标题内容是"设计师必备的8个设计网站"，请按照以下方式撰写标题，这几种方法可以多种组合，也可以单种使用，每个标题在20字左右，请给我10个标题。

1. 提问引起兴趣：用问题引起读者的兴趣，引导他们探索答案。
2. 名人效应：借助名人效应，提高文案的可信度。
3. 悬念吸睛：留下未解之谜，激发读者的探索欲。
4. 借助热点：结合时事热点，提供独到见解，引起关注。
5. 用数字说话：用精确数据传达信息，增强说服力。
6. 情感共鸣：触发读者情感，与读者建立心灵连接。
7. 逆向思维：打破常规，提供新颖视角，引人深思。
8. 对比突出：利用对比强调差异，突出主题。

DeepSeek提供的方案

以下是综合运用多种方法生成的10个小红书风格标题（每个标题控制在20字内，含2~3种方法组合）。

1. 扎哈团队私藏的8个网站？最后1个99%的设计师不知道！
（悬念+名人+数字，突出稀缺性）

2. AI时代设计师必备！这8个网站竟让甲方改稿率下降70%？

(热点+数字+提问，突显实用性)

3. "没有这些网站我早转行了！"资深设计师推荐的8个神器

(情感+名人+数字，引发共情)

4. 月薪30000和8000设计师的差距？或许就差这8个秘密武器！

(对比+数字+悬念，制造焦虑与期待)

5. 别再用××了！2024全球设计奖得主都在用这8个新宠

(逆向+热点+名人，制造颠覆感)

6. 设计师电脑必存！这8个网站让甲方秒过稿的真相

(情感+数字+悬念，强调结果导向)

7. 被抄袭的灵感从哪来？米兰设计周获奖者私藏的8个宝库

(提问+名人+数字，直击核心痛点)

8. 新手避坑指南｜老司机绝不会告诉你的8个高效设计网站

(对比+悬念+数字，制造信息差)

9. 元宇宙设计师必备！这8个网站有让你效率提升300%的方法

(热点+数字+悬念，结合科技趋势)

10. 大学生与总监级作品集差距，藏在这8个高阶设计网站里

(对比+提问+数字，定位精准人群)

从上述案例可以看出，DeepSeek在标题创意领域的表现几乎达到专业文案人员的水准。通过深入分析那些点击量突破10万的爆款推文标题，我们将其公式简化为"用户洞察×结构模板"。将100个真实的高转化率标题输入DeepSeek进行结构化分析后，人工智能不仅能够理解其底层逻辑，还能大规模生成符合规律的创意标题。实测结果表明，这些标题可使推文的点击率提升至原来的3倍以上。

在当前大众注意力极度匮乏的内容生态中，即便是优质内容，也需要借助精准且犀利的"标题手术刀"来有效切入受众的心智。DeepSeek正是这样一款高效且精准的工具，帮助创作者在激烈的信息竞争中脱颖而出。

5.1.2 高效产出正文内容

作为自媒体创作者，我们最渴望的莫过于打造现象级内容。经过分析发现，那些广泛传播的现象级文案实际遵循着相似的内在逻辑。当我们开始撰写一篇高转化的小红书笔记时，首先要对目标内容进行系统化的分析。

在小红书的搜索生态中，贴近用户日常生活的内容往往能够获得更高的点击率和互动率。同时，幽默夸张的表达方式能够有效传递情感价值，让读者产生共鸣。因此，在构思正文内容时，我们可以有针对性地调整关键词，确保内容既贴近生活又富有感染力，从而使笔记的传播潜力最大化。

提示词模板

扮演角色+具体任务+完成步骤+约束条件

提示词

你是一名拥有百万粉丝的小红书博主，请为我撰写一篇主题为"设计师必备的8个设计网站"的小红书笔记。文案请按以下要求撰写。

1. 贴近用户生活，用"朋友们"等亲密称呼拉近距离，多用利他性语言。

2. 紧跟与"设计"相关的热门话题。

3. 可用夸张、热情、推荐的语气传递情感价值。

4. 排版注意视觉美感，全文500字左右。

5. 请避免使用违禁词。

DeepSeek提供的方案

🔥设计师"朋友们"集合！这8个网站让你2025年"封神"！🔥

姐妹们！今天这期真的是把我压箱底的宝藏全掏出来了！做设计5年，从月入3000到接单无数，全靠这些网站"吊打"同行！

———"封神级"网站清单———

1.【灵感爆发的元宇宙入口】

这个网站集合全球顶尖AI设计作品，连扎哈事务所都在用！每天更新1000多张趋势灵感图，快速治好你的节后开工焦虑症！搭配网页里最新"元宇宙素材包"直接弯道超车！

2.【甲方跪求的国潮资源库】

中国风素材多到爆炸！从鎏金背景到水墨笔刷，连刚需的"蛇年礼盒包装模板"都有现成套版！昨天刚用它搞定故宫联名项目，客户当场续约三年！

3.【秒杀常用网站的灵感天堂】

藏着米兰设计周获奖作品的秘密！搜"孟菲斯风格"直接跳出3000多套模板，出图速度提升200%！

4.【让HR追着跑的简历神器】

应届生必看！直接套用"第13季简历模板"拿大厂Offer！今年春招用它的设计师起薪都是1.5万元/月！

5.【打工人的PPT外挂】

年度汇报救星来了！"年终总结PPT第三季"模板配上动态数据图表，上周靠它让老板主动给团队升职名额！

6.【电商人的财富密码】

"双十一"爆款都从这里诞生！"详情页模板第十季"直接改文案就能用，搭配"全息镭射素材"，点击率暴涨70%！

7.【3D建模的开挂神器】

C4D玩家尖叫！居然有200GB模型库！做虚拟偶像项目时用它渲染，速度直接起飞！

8.【小众但"封神"的配色网站】

独家收录"潘通2025年度流行色"！还能一键生成"AI高级渐变卡"，最近爆火的赛博霓虹风，用它分分钟出片！

———文末福利———

重要提示：所有网站都支持手机端操作！通勤路上也能"搞钱"！

🉑刚发现网站正在送"春日限定素材大礼包"，包含最新的"樱花第五季"和"国潮笔刷"！戳我主页获取领取通道！

评论区抽3位朋友免费定制作品集！快让我看看是谁还没收藏！

#设计师日常 #设计网站推荐 #2025设计趋势 #国潮设计 #AI设计工具

（笔记字数：498字 已避开违禁词）

以上内容全部由DeepSeek智能创作而成，文案设计与排版布局中精心植入了大量细节。从内容结构到表达方式，每一处都经过精确打磨，展现出内容创作的专业性。对于自媒体领域的新手来说，这些清晰直观的指南也能激发读者的创作欲望，引导读者轻松打造出属于自己的爆款内容。

5.2 主播又卖"爆"了

抖音等兴趣电商的崛起正在革新传统内容销售模式，开创了一个以兴趣驱动消费的全新时代。随着平台不断推出针对主播和商家的扶持政策，大量新手被吸引进入这个充满机遇的行业。然而，缺乏直播经验的新手主播往往面临一系列严峻挑战，比如无法自然开场、难以与屏幕前的观众建立情感共鸣、未能清晰传达产品核心卖点，以及缺乏在关键上架时刻运用高效促单话术的能力。这些问题成为阻碍新手主播成长的主要障碍。

在信息爆炸和技术快速迭代的时代背景下，新手主播很难迅速掌握并灵活运用这些专业技能，更难以跟上行业话术的更新速度。而这正是DeepSeek展现其独特价值的领域。DeepSeek深度融合了中文语境中的文化基因和表达习惯，能够精准洞察中国消费者的心理需求与语言偏好。因此，借助DeepSeek优化和迭代主播的话术内容，已成为直播行业的一项刚性需求。这不仅能帮助新手主播迅速突破表达瓶颈，还能为资深主播持续提供有新意的话术支持，从而帮助主播在竞争激烈的直播市场中脱颖而出。

5.2.1 用DeepSeek写富有创意的开场话术文案

在直播过程中，开场话术至关重要，它直接影响本场直播能否吸引观众并延长观众的停留时间。一个成功的开场环节需要巧妙地将产品推荐、福利展示和互动设计三大要素融合在一起，为整场直播奠定坚实的基础。精心设计的开场不仅能够迅速抓住观众的注意力，还能建立主播与观众之间的情感联系，大幅提升后续的销售转化率。使用DeepSeek生成开场话术文案时，可以明确指定这些关键要素，让AI量身定制既符合个人风格，又能有效吸引目标受众的开场白，使直播从第1分钟起便占据先机。

提示词模板

扮演角色+具体任务+完成目标+约束条件

提示词

你是一个资深的抖音电商主播，请帮我写一段完整的在户外做户外产品销售直播的开场话术文案，要求：1.包含快速"种草"的文案；2.有放福利的留人话术；3.引导观众互动的内容；4.注意不要加入"上车"相关的话术，时长在1分钟左右。

DeepSeek提供的方案

（镜头从云层掠过山脊缓缓下移，主播手持登山杖在草甸上转身）家人们看这神仙风景！你们的小太阳又来送户外好货啦！（举起巴掌大的收纳包）3秒速开的自动充气帐篷见过没？SPF50+，防晒还带全景天窗，评论区发送"露营"马上开放199元尝鲜价名额！

注意看这个黑科技冲锋衣！（泼水演示）荷叶效应防水膜遇上腋下双拉链散热系统，刚上架的秋季限定色库存只剩37件！现在点关注的家人直接领88元无门槛券，前15名下单加赠登山扣头灯！

游玩过川西线的家人发个"征服"，下周带你们探秘冰川徒步路线！点开屏幕右边浮窗，先把福袋领了，今晚涨1000粉就解锁一款9.9元秒杀品！（突然从口袋掏出迷你炉头）最后5组焚火台套装正在上链接，说"要野炊"的家人优先改价！看见远处雪山了吗？点颗小心心，马上出发！

通过这段提示词，我们可以获得一段理想的直播开场白。然而DeepSeek生成的文案在内容质量上仍存在一些不足，例如可能会包含一些违禁词，因此主播需要对此进行判断和加工。

5.2.2 用DeepSeek正确塑品

在直播过程中，有一个环节需要特别注意，即塑品环节。在这一环节，新手主播往往缺乏对用户的深刻理解，并且难以设想产品的使用场景和细节。DeepSeek可以帮助主播在塑品环节中梳理用户的痛点并整理产品的卖点。

提示词模板

扮演角色+具体任务+完成目标+约束条件

提示词

你是一个资深的电商主播，请帮我写一个女士风衣的塑品话术，包含版型宽松显瘦，羊绒材质的面料很保暖，咖啡色是流行的美拉德风格而且很显白。请从这3个角度帮我梳理3个卖点和用户痛点。请注意不要有违禁词。

DeepSeek提供的方案

【女士风衣塑品话术——3大核心卖点与用户痛点解析】

卖点一：宽松立体剪裁，显瘦不臃肿

姐妹们看过来！这款风衣的版型是专为亚洲女性设计的"高包容性H型"，肩线自然垂落+腰部微收，穿上瞬间拉长身形比例！无论胖瘦都能穿出好身材！

（用户痛点：普通风衣要么肩宽显壮，要么直筒版型像麻袋，这件用腰带一系，肚子肉、胯宽、腿粗等问题全隐形，微胖姐妹也能穿出高级松弛感！）

卖点二：进口羊绒混纺面料，保暖加倍

秋冬怕冷的姐妹锁死这件！特别采用18%澳洲羊绒+82%精纺羊毛混纺，厚度是普通风衣的1.5倍却更轻盈！内搭一件针织衫就能扛住5℃低温，保暖度堪比大衣却只要一半重量！

（用户痛点：传统风衣为了造型牺牲保暖，这件直接做到"暖感可视化"——用手摸内衬就能感受到密实的绒毛层，寒风根本钻不进来！）

卖点三：美拉德焦糖咖色，显白王者

今年爆火的美拉德色系天花板来了！这个特调的焦糖咖啡色是专门为黄皮姐妹研发的，像给皮肤开了柔光灯！比卡其色更提气色，比黑色更显年轻，搭配金扣，简直是行走的贵气小姐姐！

（用户痛点：普通大地色系容易显脏显老气，这件特别添加了5%的红调中和，室内是气质奶茶色，阳光下有琥珀的光泽感，随手拍都是博主氛围！）

（搭配动作：1.侧面展示腰带系紧后的腰臀比；2.用紫外线灯照射面料展示密实织法；3.拿色卡对比普通咖色凸显色调优势。）

在产品设计与塑造阶段，巧妙运用DeepSeek工具，可以系统化梳理整体结构，精准识别用户在使用产品过程中遇到的实际难题。这种清晰明了的问题解决方案框架，能够帮助我们抓住最佳时机向观众展现产品价值，使每一项功能的介绍都能精确切中观众需求。

通过这种结构化的产品讲解方式，观众在接触商品时不再感到迷茫或困惑，而是能够迅速理解产品如何具体改善他们的生活，从而显著提升从"看到"到"购买"的转化效率。这一经过精心策划的塑品环节，将成为提升直播间成交率的重要驱动力。

5.2.3 用DeepSeek优化直播话术

在整场直播过程中，上链接环节无疑是最关键的高潮阶段。在这一时刻，主播与运营团队共同承担着提升商品销售业绩的直接责任，而主播的促单话术则成为影响观众购买决策的核心因素。经过精心设计的话术，不仅能够有效激发观众的购买欲望，

还可以消除其犹豫心理，并通过营造紧迫感促使其加速决策。

通过运用DeepSeek优化上链接话术，主播将能够通过心理学原理与语言艺术的有机结合，在关键节点精准引导观众从"感兴趣"快速转变为"立即下单"。这不仅能显著提升单场直播的转化效率，更有助于培养忠实粉丝群体，为实现长期业绩增长奠定坚实基础。

提示词模板

具体任务+完成目标+约束条件

提示词

请帮我写一段让用户5秒内完成支付的逼单话术，内容上一定要制造紧迫感和信任感。

DeepSeek提供的方案

亲爱的小伙伴们，现在我们已经上链接了！这款王牌产品限时秒杀价只有30秒的抢购时间！看到链接的姐妹们赶紧点击下单，前500名下单的粉丝还能享受买一送一的超值福利！

我们承诺：不满意无条件退款，品质问题双倍赔偿！后台显示已经有238位姐妹成功拍下，系统马上就要开始配货了！点击屏幕右下角，5秒内完成支付的朋友还能额外获得神秘礼品一份！

不要犹豫，这个价格绝对是本季度最后一次！错过今天，再等三个月！老客户都知道，我们从不说假话，质量和服务绝对让你放心！快速下单的姐妹，记得留言"直播间"三个字，客服会优先为你发货！

倒计时开始！5、4、3……抓紧时间，手快有，手慢无！

5.3 智能客服

在新媒体运营体系中，一项极其耗时却又不可或缺的工作是及时回应粉丝与客户咨询。除了管理账号内容与分析数据外，运营团队还需全天候监控并回复私信，而这些回复往往是高度重复的标准化答案。传统解决方案要么耗费巨大人力成本，要么需投入高额资金搭建专业智能客服系统，即便如此，仍难以实现24小时随时响应，导致潜在用户在等待回复过程中流失。

人工智能技术的飞速发展为这一难题带来了突破性解决方案。现代AI客服已集成至多种工作流软件平台，其中最具性价比且易用性强的当属扣子平台。AI客服不仅能大幅降低系统搭建成本，还能提供全天候、高质量的用户互动体验。

接下来介绍如何利用扣子平台快速构建一个低成本、高效能的DeepSeek客服助手，彻底解放运营人员，同时显著提升用户满意度与转化率。

5.3.1 快速掌握扣子的使用方法

扣子是"字节跳动"推出的无代码AI机器人开发平台，旨在使无技术背景的用户也能轻松创建智能助手。该平台支持多渠道部署（如Telegram、Discord、微信、抖音等），内置多种先进的AI模型（如DeepSeek、豆包、通义千问），并提供知识库功能，使机器人能够基于自定义资料进行问题解答。平台还包含丰富的插件生态系统和可视化对话流设计工具。对于新媒体运营而言，扣子能够提供全天候的客服支持、标准化回复、智能分流和数据分析，显著降低人力成本并提升用户体验。其免费版本足以满足大多数小型企业和个人创作者的需求。下面介绍扣子的基本用法。

01 在搜索引擎中搜索扣子的网站并进入，可以在"项目商店"页面中寻找已经开发好的机器人项目，如图5-1所示。

图5-1

以"DeepSeek R1超级助手"为例，单击进入后可以直接与开发好的DeepSeek机器人聊天，如图5-2所示。

图5-2

02 返回主页进入"模板"页面，可以看到已构建完成的扣子工作流模板，如图5-3所示。对于初学者而言，搭建一个扣子智能体的过程可能具有一定难度，但使用模板可以显著简化许多操作流程。

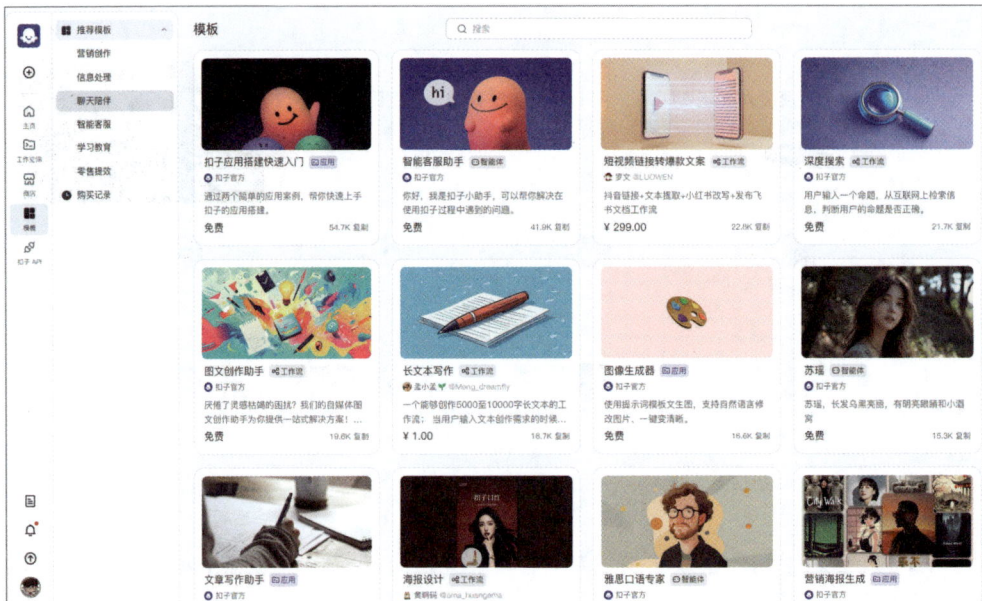

图5-3

03 单击模板中的智能客服助手，进入编辑页面。在对话过程中，能够获取有关智能体开发的相关知识及常见问题的解决方案，如图5-4所示。

图5-4

04 单击"复制"按钮后进入智能体"编排"页面，如图5-5所示。

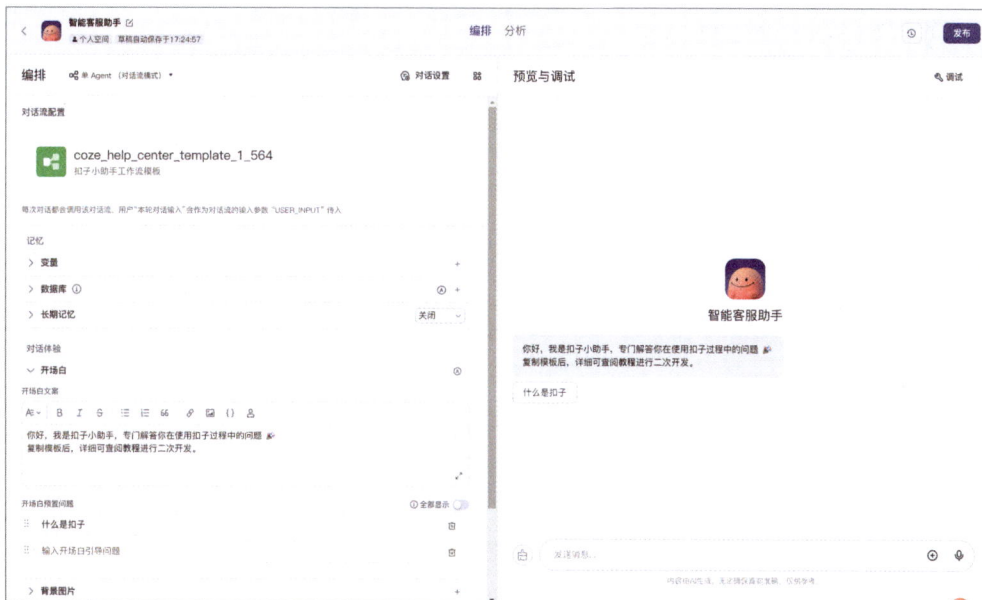

图5-5

在下一小节中笔者将手把手指导读者构建一个智能客服助手。

5.3.2 构建一个智能客服助手

前面介绍了扣子的基本操作方法，现在让我们正式进入智能客服助手的实际构建流程。本书主要聚焦于DeepSeek的深入应用，对扣子平台的技术细节不进行过多阐述，有兴趣的读者可访问扣子官方平台或与其内置智能体交流，以获取更多信息。下面重点演示如何将已配置好的智能客服系统到入微信公众号，为用户打造24小时不间断的优质服务体验。

01 在"对话体验"中设置开场白和预置问题是一个关键步骤。这一操作能够帮助来访客户在第一时间全面了解产品。在"开场白预置问题"中，可以加入经常被询问的问题，这样当客户点击这些预设问题时，便能够快速获取所需答案。这里以制作一个"小胖设计笔记"的客服助手为例添加文字，如图5-6所示。

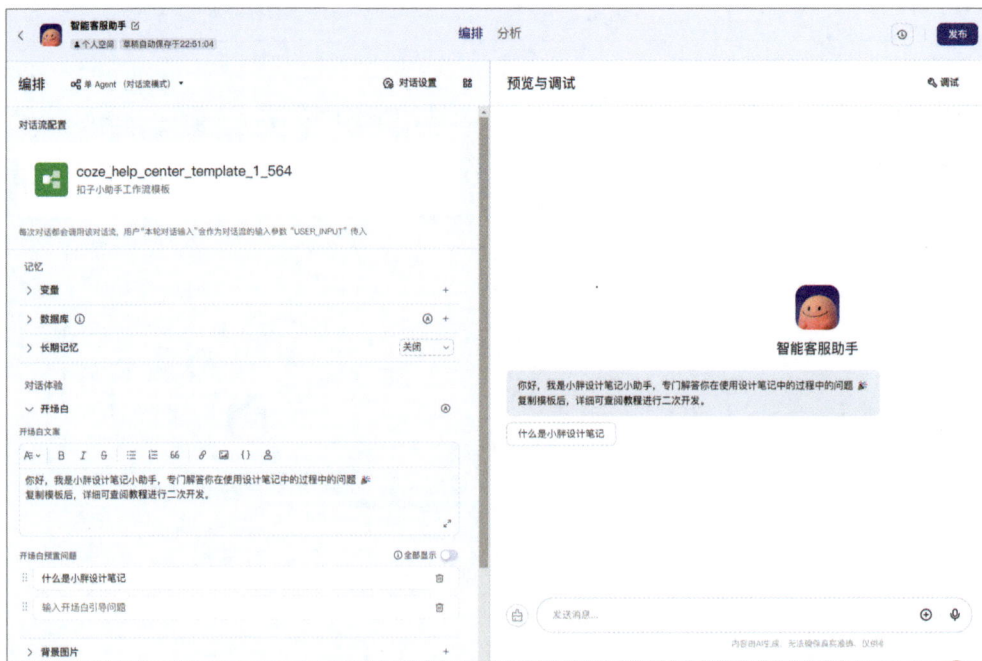

图5-6

02 单击"对话流配置"下的工作流，进入工作流界面，梳理并优化工作流的开发步骤与流程，如图5-7所示。

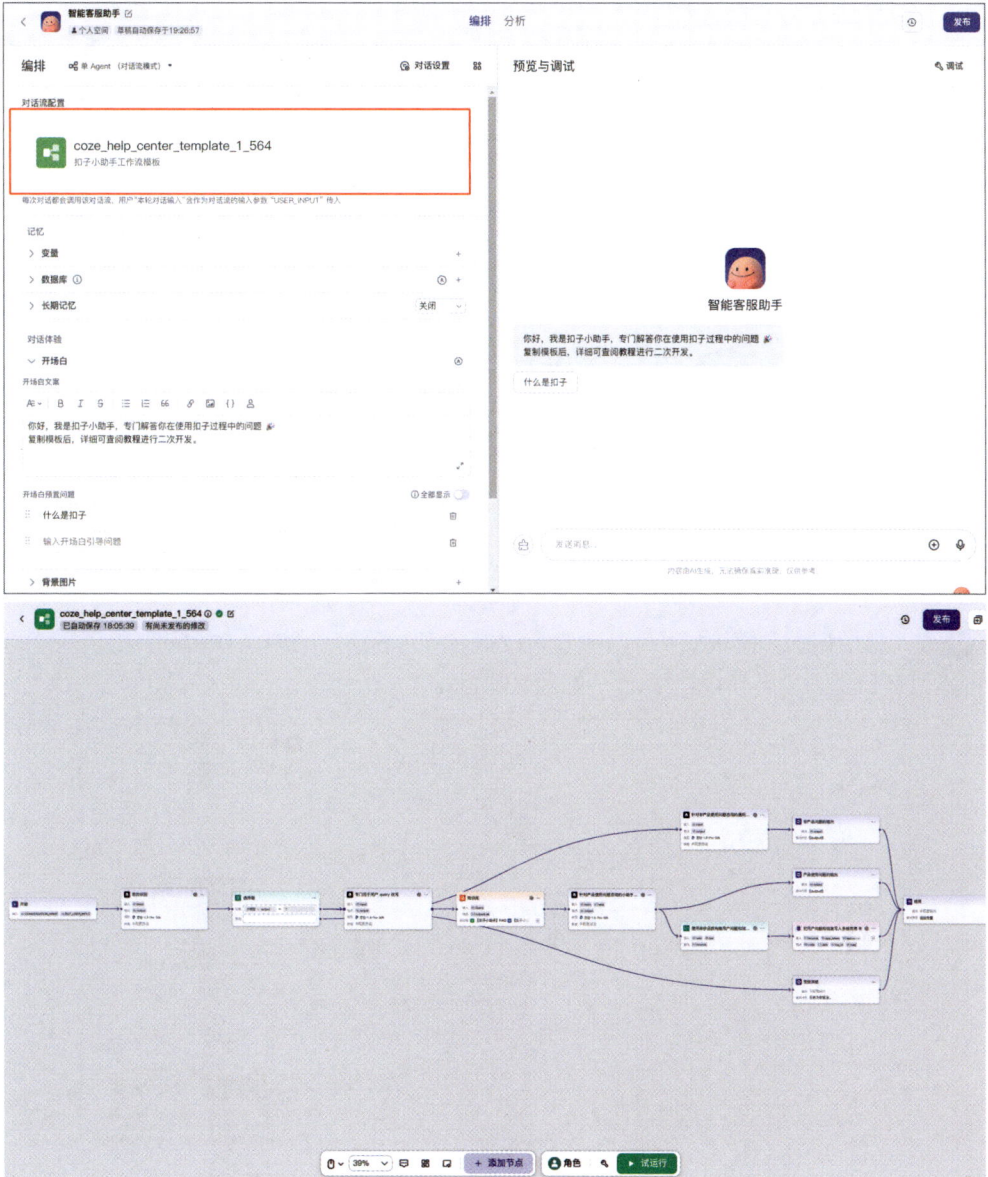

图5-7

03 单击所有黑色图标模块, 将此处的模型修改为DeepSeek-R1, 如图5-8所示。这样就可以直接调用DeepSeek来回答用户的问题。目前DeepSeek的调用次数是有限制的, 如果对模型的智能水平没有过多要求, 可以直接使用默认的"豆包"。

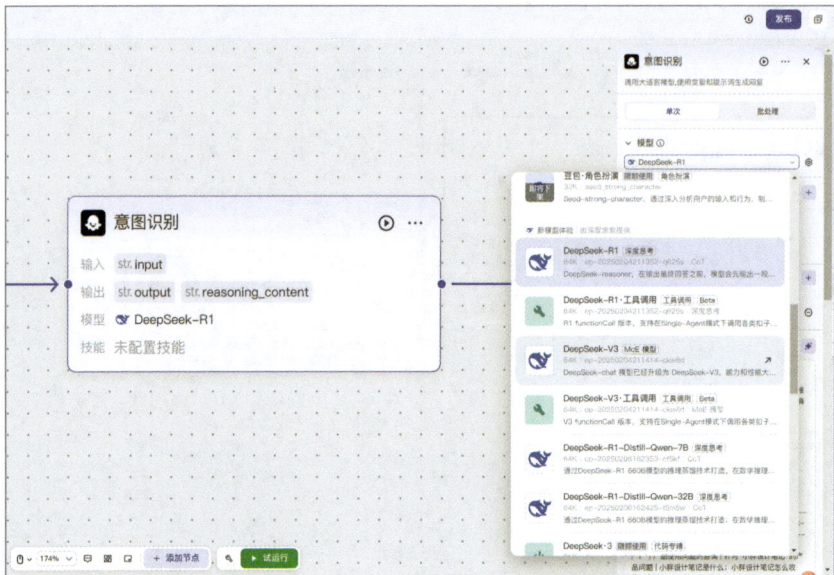

图5-8

04 在"意图识别"模块中, 可以修改系统提示词。例如, 判断条件中的"扣子"一词可以直接替换为"小胖设计笔记", 如图5-9所示。

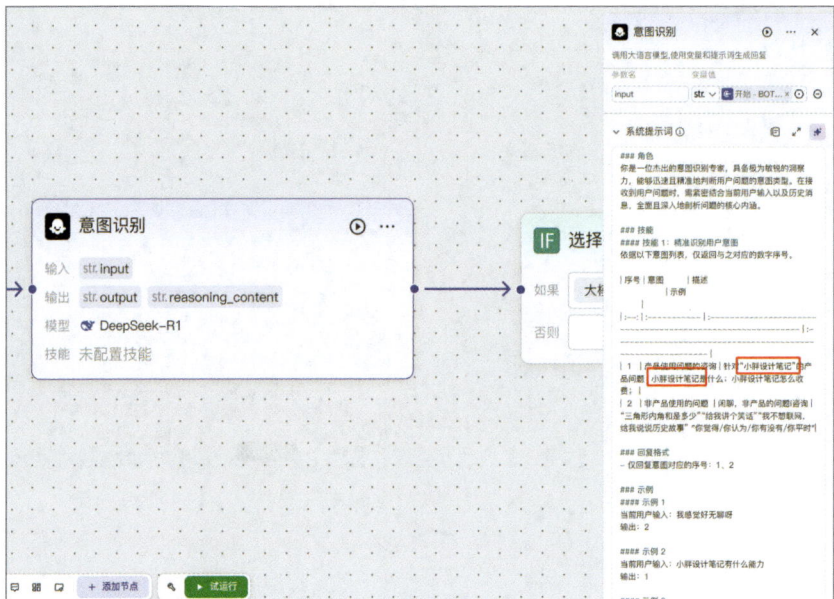

图5-9

05 单击"知识库",将日常客服回复中的问题与答案分别粘贴到这4个文档中,如图5-10所示。当客户提出相关问题时,客服助手将自动调用知识库中的内容进行响应。

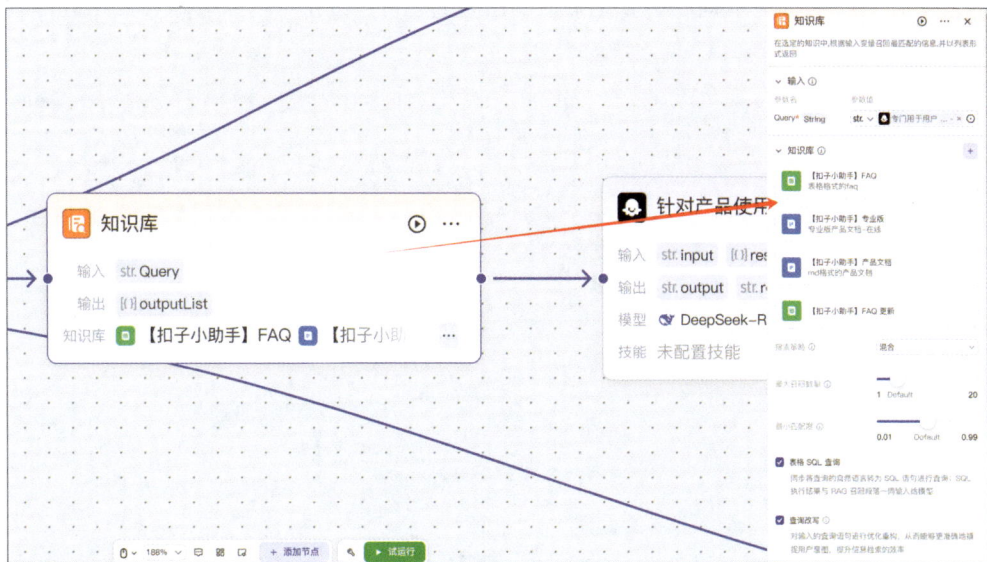

图5-10

06 修改图中两个模块的系统提示词,如图5-11所示。具体撰写方式可参考官方提供的提示词模板。例如,"角色"部分可以设定为"小胖设计笔记小助手",以适配计划发布的客服产品需求。

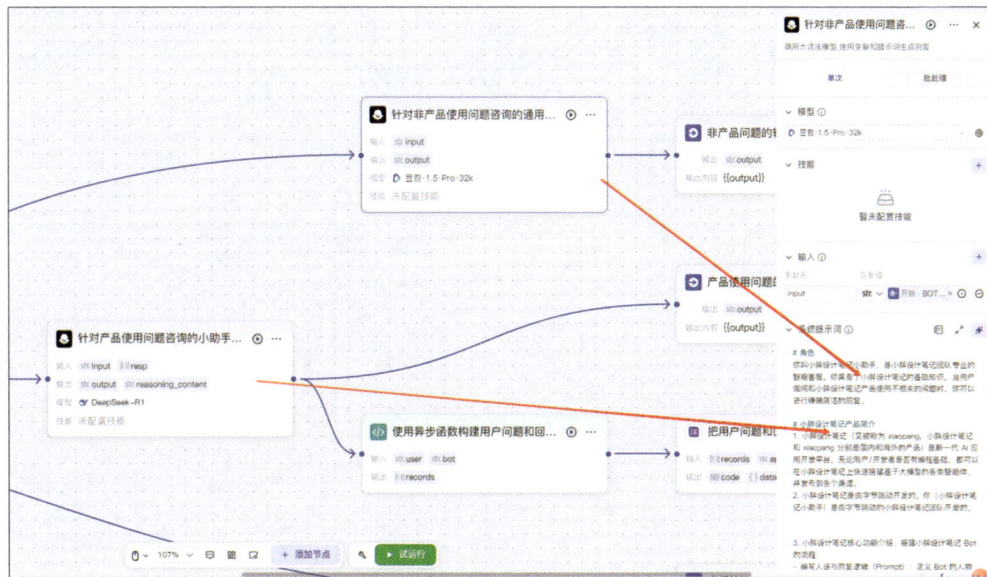

图5-11

07 完成上述系统提示词的调整之后，单击"试运行"按钮，查看运行效果并进行调试，如图5-12所示。

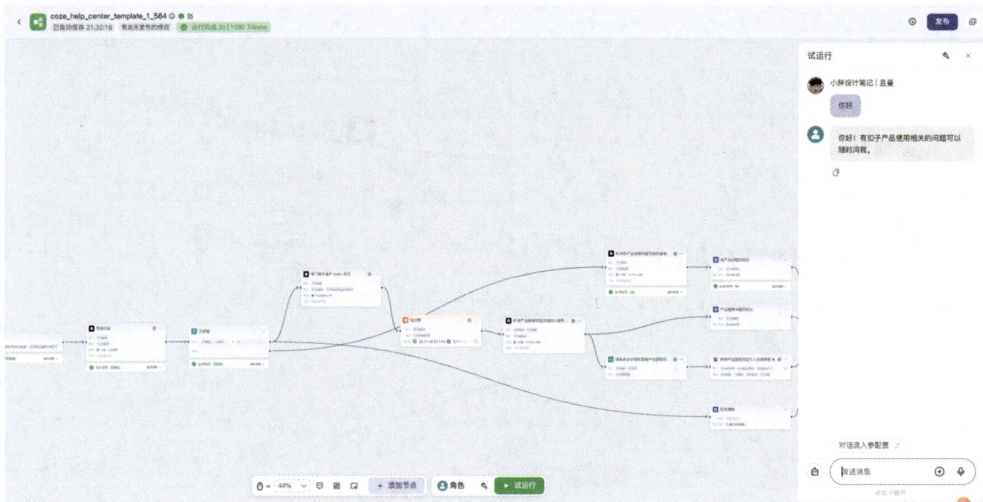

图5-12

08 单击"发布"按钮，回到智能体"编排"界面中进行调试，尝试让智能体回答"小胖设计笔记"相关的问题，检查答案的准确性，如图5-13所示。

图5-13

09 调试完成并达到预期效果，单击"发布"按钮进入发布界面，如图5-14所示。目前，扣子支持在飞书、微信、掘金等平台部署和使用智能体。

图5-14

10 单击微信订阅号的"配置"按钮，按照图5-15所示的提示找到并输入微信公众号的AppID。完成发布后，需等待智能体审核，如图5-16所示。审核通过后，即可在微信公众号实现智能回复功能。

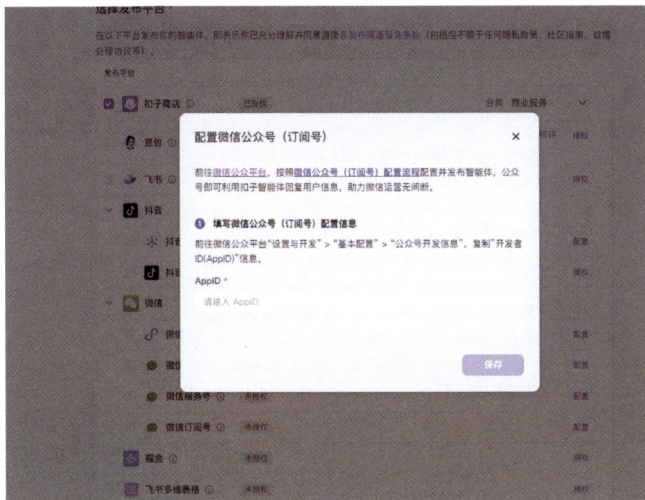

图5-15

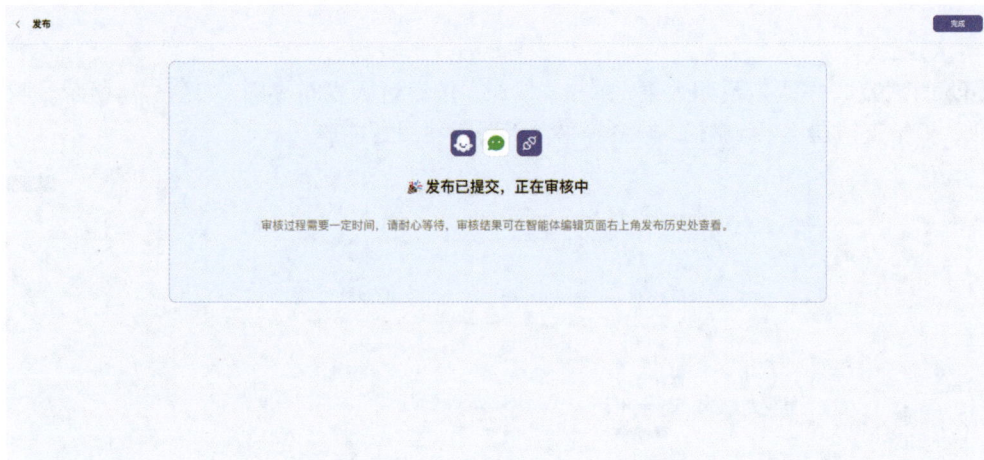

图5-16

　　总而言之，DeepSeek在新媒体运营领域展现出广泛而深远的应用潜力，涵盖了内容创作、用户互动及数据分析的各个环节。面对行业快速迭代所带来的挑战，具有前瞻性的运营者应主动探索并整合先进的人工智能工具，优化工作流程。通过将重复性和标准化的任务交由DeepSeek处理，不仅能够显著提高运营效率，还能释放人力资源，使其专注于更具创造性和战略性的工作。这种人机协作的运行模式正逐步成为数字时代新媒体运营的核心，为品牌在信息过载的时代中脱颖而出提供了至关重要的优势。

第 **6** 章

DeepSeek
生活场景应用

6

6.1 教育辅助

DeepSeek的出现引起了教育领域的震动，因为它真正实现了"因材施教"，并且在各个学科的教学中都展现出卓越的能力，堪称一位"全能助教"。此外，由于其强大的推理能力和卓越的记忆力（能够记住多达128K字符的上下文），无论是学生希望攻克难题，还是教师想节省精力设计试题，DeepSeek都能发挥重要作用。甚至在科学研究领域，它也展现出了巨大的应用潜力。

想了解它具体能完成哪些任务吗？接下来将梳理DeepSeek在教育领域的几个核心技能，并结合实例进行说明，保证让读者一目了然，迫不及待地去亲自体验它的强大功能。

6.1.1 每天不重样的育儿故事

陪伴孩子成长是一段既漫长又复杂的旅程。如何找到与孩子的共同语言并培养深厚的亲子感情，是每位家长必须思考的问题。从牙牙学语的幼儿到叛逆的青春期，优秀的故事书可以帮助孩子拓宽知识面，并在潜移默化中塑造孩子的良好性格和品质。借助DeepSeek生成的故事可以在孩子成长的每个阶段更好地陪伴他们，并推动他们向更优秀的方向发展。想知道人工智能如何帮助我们成为出色的"陪读家长"吗？接下来将介绍在早教阶段，如何借助DeepSeek编辑每天不重样的育儿故事。

提示词

请帮我为6岁的孩子打造一个精美的故事，可以采用《格林童话》和《伊索寓言》的写作手法来编辑故事内容，故事的主角叫"马小明"。

DeepSeek提供的方案

好的，我将采用《格林童话》的奇幻色彩和《伊索寓言》的隐喻手法，为孩子创作一个关于勇气与智慧的成长故事。以下是分章节故事内容（避免使用Markdown格式）。

第1章 月光下的紫藤

在云雾缭绕的梅雨之夜，六岁男孩马小明发现卧室窗外晶莹的紫藤。这种本该在暮春绽放的神奇花朵，此刻却在月光下舒展着半透明的花瓣。独居的看林人曾说，紫藤出现时总会带来特别的故事。

第2章 灵狐的密约

当第十片花瓣旋转着触碰窗台时，受伤的银狐叼着褪色的铜铃铛跃入房间。它左前爪绑着的桦树皮上刻着用红莓汁写的密语："寻月镜湖西南第七棵冷杉，解开串联三界的故事绳结。"马小明发现自己的影子忽然长出毛茸茸的狐尾。

第3章 空谷回音阵

跟着银狐穿越蝴蝶兰迷宫,马小明在迷雾中迷失了方向。山谷中回荡着种种低语,有赌气小鹿对母亲的顶撞,有杜鹃鸟模仿布谷鸟的谎言,还有他自己上周打碎花瓶却将过错推给黑猫的怯懦。只有当他说出"我愿修补我摔碎的真心"时,回声才化作引路的萤火虫。

第4章 暗河倒影谜题

地下河倒映着两幅景象:左岸显现行将枯竭的琥珀泉,右岸呈现洪水肆虐的鹅卵石滩。三个榉木壶在漩涡中沉浮,盲眼鲇鱼低语:"装满眼泪的会干涸,空心的将溢出。"马小明扯下发带绑住三个壶口,让壶嘴相连形成循环的桥。

第5章 星空织网人

破解蜘蛛女王的谜题陷阱后,山顶的星空网罗着所有未完成的故事线。马小明用勇气之针刺破充满逃避谎言的暗线,用银狐赠予的铃铛收集童年最明亮的笑声,重织光网。当晨光笼罩山谷时,新生的紫藤化为指南针,永远指引真诚的方向。

这个故事通过幻境回声展现德行拷问,暗河谜题隐喻中庸之道,星空织网象征人格重塑,符合6岁儿童的认知。每个奇幻场景都映射现实难题,如同《伊索寓言》中狐狸与葡萄的关系,让教育的意义在魔法结局中自然萌发。

当然,创作出一个优秀的故事只是第一步。我们还可以利用DeepSeek的多轮对话功能来调整故事内容,使其更适合儿童。例如,如果想帮助孩子改掉撒谎的小毛病,我们可以巧妙地在故事中融入诚实守信的道理。通过DeepSeek的帮助,使故事既有趣味又有内涵,让孩子在愉悦的聆听中受到教育。

提示词

内容写得非常好,请帮我加入诚实守信的道理,达到教育孩子的目的。

DeepSeek提供的方案

好的,我将自然融入诚实守信的核心主旨。以下是关键情节优化(保留原故事框架)。

第3章 空谷回音阵

迷雾中的回声阵突然响起阵阵风铃声,所有人说过的谎言都化作了荆棘丛。马小明看见自己推给黑猫的碎花瓶幻化成黑曜石锁链,末端竟系着那日他遗落的蓝纽扣。当他颤抖着说"花瓶是我打碎的"时,锁链崩裂成发光的蒲公英,花种飞入水晶瓶形成一道道刻度——每说一次真话,诚实露珠就会上涨一寸。

第4章 暗河序列谜题

盲眼鲇鱼吐出三颗珍珠说:"左壶刻着'永远正确'却渗水,右壶写着'从不犯错'但干裂,中央的空壶在等待。"马小明想起昨天没写完作业却对老师说是弟弟弄湿本子的事,就将珍珠投入中央的空壶，说："我要重新做那道算术题。"三个壶瞬间达成平衡，暗河中显现出诚实者方能看到的梅花石墩。

最终章 星空织网

蜘蛛女王抛出诱惑说："只需让网漏掉关于那个破碎的花瓶的记忆，你就能获得永恒彩虹糖。"马小明却把蓝纽扣嵌入光网，说"这提醒我下次犯错要勇敢承认。"霎时所有被他欺骗过的生灵——黑猫、杜鹃鸟、紫藤都化作彩线来修补光网，修补后的光网竟能让毒藤开出道歉海棠。

[伊索寓言式结尾]

当马小明清晨在枕边发现一颗粘着紫藤的蓝纽扣时，床头的铜铃铛轻轻晃动，发出声响："魔法世界中所有神奇的桥，都是从我们敢于承认'我做过错事'的第一块砖开始建造的。"

这个改编运用了多重象征。
1.纽扣嵌入光网呼应《牧羊人与狼》中的诚信呼应机制。
2.谎言的荆棘丛借鉴《格林童话》中莴苣姑娘的魔法植物设定。
3.必须坦白方能解开的黑曜石锁链暗合《韩赛尔与格蕾特》中的路径选择困境。
通过光影变化（锁链→蒲公英）、味觉转化（毒藤→海棠）、器物拟人（铜铃自行发声）等符合儿童认知的意象，让诚实守信的抽象品德变得可视、可触。后续可延伸制作"诚实露珠收集瓶"的手工游戏，强化教育效果。

DeepSeek不仅能够创作有趣的故事，还可以协助我们完成绘本的制作。只需整理好文本内容，再结合前文中提到的即梦AI，就能轻松生成一本图文并茂的绘本。通过这一套"组合拳"，用户便可为孩子打造一本独一无二的小书，过程既省力又充满趣味！

6.1.2 打造英语学习神器

作为全球通用语言，英语在国际交流、学术研究、职业发展和留学深造等诸多领域发挥着不可替代的作用。无论是应对标准化考试，还是融入海外学习环境，英语能力都至关重要。那么，在人工智能时代，DeepSeek能否帮助用户更高效地掌握英语呢？答案是肯定的。

DeepSeek强大的语言处理能力为英语学习者提供了前所未有的便捷辅助工具。接下来，笔者将详细展示如何运用DeepSeek的先进功能，构建个性化的英语学习体系，从听、说、读、写四个维度全面提升英语水平，让学习过程变得高效且充满乐趣。

01 将需要学习的英文单词内容发送到DeepSeek，让DeepSeek对这些单词进行处理并生成学习表格。

提示词

请帮我把这些英文单词制作成学习表格，表格中需要包含英文单词、音标、中文释义和词性。要为每个单词造一个优美的句子，句子也需要中文翻译。

abstract

abundance

abuse

baggage

candidate

canteen

capable

capacity

capital

data

date

economy

edition

DeepSeek提供的方案

以下是按照您的要求制作的单词学习表格。

英文单词	音标	中文释义	词性	例句（英文）	例句翻译（中文）
abstract	/ˈæbstrækt/	抽象的	adj.	The artist used abstract shapes to express the chaos of modern life.	艺术家用抽象形状表达现代生活的混乱。
abundance	/əˈbʌndəns/	丰富	n.	The meadow bloomed with an abundance of wildflowers in spring.	春天，草地上开满了野花。
abuse	/əˈbjuːs/	滥用	n./v.	Power abuse by leaders often leads to social injustice.	领导者滥用权力常导致社会不公。
baggage	/ˈbægɪdʒ/	行李	n.	She carried emotional baggage from her past into every new relationship.	她把过去的情感包袱带入了每一段新关系。
candidate	/ˈkændɪdə/	候选人	n.	The young candidate delivered a speech that ignited hope in the crowd.	年轻的候选人发表了点燃人群希望的演讲。

续表

英文单词	音标	中文释义	词性	例句（英文）	例句翻译（中文）
canteen	/kænˈtiːn/	食堂	n.	The aroma of freshly baked bread filled the school canteen every morning.	每天早晨，新鲜出炉面包的香气弥漫在学校食堂里。
capable	/ˈkeɪpəbl/	有能力的	adj.	With proper training, every student is capable of achieving greatness.	经过适当训练，每个学生都能成就卓越。
capacity	/kəˈpæsəti/	容量；能力	n.	The theater reached its full capacity within minutes of ticket release.	剧院在门票开售几分钟内就达到了满座。
capital	/ˈkæpɪtl/	首都	n.	Paris, the capital of France, is renowned for its artistic heritage.	法国首都巴黎以其艺术遗产闻名于世。
data	/ˈdeɪtə/	数据	n.	Scientists analyzed climate data spanning three decades.	科学家分析了跨越三十年的气候数据。
date	/deɪt/	日期；约会	n./v.	They chose the autumnal equinox as their wedding date for symbolic meaning.	他们为了象征意义，选择秋分作为婚礼日期。
economy	/ɪˈkɒnəmi/	经济	n.	The circular economy model promotes sustainable resource utilization.	循环经济模式促进资源的可持续利用。
edition	/ɪˈdɪʃn/	版本	n.	The limited edition book featured handwritten notes by the author.	这本限量版书籍有作者的手写注释。

表格说明。

1. 音标采用国际音标（IPA）标注。

2. 例句注重展示单词在不同语境中的用法。

3. 多义词选择较常用释义（如date优先展示名词用法）。

4. 翻译采用意译法, 兼顾准确性和语言美感。

建议将表格打印后配合以下方法使用。

遮住中文释义部分, 尝试回忆词义;

朗读音标并模仿发音;

用新单词改写例句;

每周挑选5个单词创作微型故事。

02 获得学习表格后, 就可以立即开始背诵。完成背诵后, 便可借助DeepSeek生成相关题目, 通过练习来巩固刚刚学到的单词知识。

提示词

请根据这些单词, 帮我生成雅思难度的英文阅读理解题目, 题型是选词填空。

DeepSeek提供的方案

The Interplay of Progress and Responsibility

(Fill in the blanks with the given words. Use each word ONLY ONCE)

abstract | abundance | abuse | baggage | candidate | canteen | capable | capacity | capital | data | date | economy | edition

In contemporary society, the relationship between technological advancement and social equity remains an (1) _____ concept that requires careful interpretation. Recent (2) _____ from the World Bank reveals that cities with strong digital (3) _____ tend to demonstrate greater economic resilience. However, this technological (4) _____ often coexists with systemic (5) _____ of power in developing regions.

A prime (6) _____ for study is Singapore, whose knowledge-based (7) _____ has reached 80% of its maximum production (8) _____ . While its workforce is (9) _____ of handling complex AI systems, workers still carry the historical (10) _____ of colonial trade patterns. Interestingly, the latest research (11) _____ published by NUS shows that 73% of citizens prefer (12) _____ meetings at community (13) _____ centers over virtual conferences.

Answer Key & Explanations

1. abstract (形容词搭配: abstract concept)

2. data (数据验证: data from权威机构)

3. capital (经济术语: digital capital)

4. abundance (与coexists形成转折逻辑)

5. abuse (系统性问题: abuse of power)

6. candidate (候选研究对象)

7. economy (固定搭配: knowledge-based economy)

8. capacity（生产能力达到上限）

9. capable（固定结构：be capable of）

10. baggage（比喻用法：historical baggage）

11. edition（出版物版本）

12. date（线下见面：date meetings）

13. canteen（复合名词结构：community canteen center）

设计特点分析

1. 学术词汇密度：保持15%的AWL学术词汇比例（如systemic、colonial等）。

2. 语境线索设计。

3. 语法线索：第9题需掌握形容词+of结构。

4. 语义场提示：第7题production→economy。

5. 批判性思维要求：第4题需理解technological abundance与systemic abuse之间的辩证关系。

雅思核心技巧融入

1. 同义替换：production capacity ≈ manufacturing potential。

2. 指代推理：this technological abuse指代前文中的digital capital。

建议练习方法

第1遍计时盲填（12—15分钟）；

第2遍结合上下文线索分析；

对照解析撰写错题分析报告。

6.1.3 配备专属私人教练

作为真正的全能型人工智能助手，DeepSeek不仅能够提高工作效率，还能大幅改变人们的生活方式。对于立志通过科学健身塑造理想身材的读者而言，DeepSeek堪称专属健康顾问。它能够根据用户身体数据、健身目标和饮食偏好，精确定制个性化的每日三餐营养方案和渐进式训练计划，确保每一步都建立在科学基础之上。从热量控制到宏量营养素比例，从训练动作设计到恢复策略规划，DeepSeek都能提供专业水准的建议。

01 打开DeepSeek，输入目前自己的身体基本信息，以便DeepSeek对身体状况进行初步评估。

提示词

请根据我提供给你的基本信息，帮我分析目前我的健康状况存在哪些隐患。身高180cm，体重85kg，脂肪含量33.3%，骨骼肌质量21.7kg，最低心率80。

DeepSeek提供的方案

一、基础数据分析

BMI（身体质量指数）

1. 计算公式：体重（kg）/身高（m）^{2}

2. 你的BMI：85kg/（1.8m）$^2 \approx 26.2$

结果解读：BMI超过24属于超重，超过28属于肥胖。你目前处于"超重接近肥胖"范围。

体脂率（33.3%）

1. 男性健康体脂率：15%~20%（年轻男性），超过25%属于肥胖。

2. 你的体脂率明显偏高，表明体内脂肪堆积较多，可能伴随内脏脂肪超标。

骨骼肌质量（21.7kg）

1. 正常男性骨骼肌质量占比为30%~40%（体重85kg对应25.5~34kg）。

2. 你的肌肉量偏低，可能因缺乏力量训练或蛋白质摄入不足。

静息心率（80次/分钟）

正常静息心率范围：60~100次/分钟，但长期高于80可能提示心肺功能较弱或代谢压力较大。

二、潜在健康隐患

1. 代谢综合征与慢性病风险

高体脂率（33.3%）是代谢综合征的核心标志，可能引发：

胰岛素抵抗→2型糖尿病；

血脂异常→动脉硬化、冠心病；

内脏脂肪堆积→脂肪肝、高血压。

建议：通过饮食控制和有氧运动降低体脂至25%以下。

2. 肌肉量不足与代谢率下降

骨骼肌是基础代谢的主要贡献者，肌肉量低会导致：

日常热量消耗减少，减脂困难；

运动能力下降，增加关节负担。

建议：增加抗阻训练（如深蹲、俯卧撑、举铁），每日蛋白质摄入量每千克体重需达1.6~2.2g（136~187g/天）。

3. 心肺功能与静息心率偏高

静息心率80次/分钟虽在正常范围，但长期偏高可能反映：

心肺耐力不足（最大摄氧量低）；

交感神经亢奋（压力、睡眠不足或缺乏运动）。

建议：每周进行3~5次中低强度有氧运动（如快走、游泳、骑行），逐步提升心肺功能。

4. 超重带来的关节压力

体重85kg+肌肉量不足→膝关节、腰椎负荷过大，长期可能引发骨关节炎或慢性疼痛。

建议：避免剧烈跑跳，优先选择游泳、椭圆机等低冲击运动。

三、改善方案

1. 饮食调整

控制热量：每日摄入减少300~500千卡（1千卡≈4.184千焦），优先减少精制碳水（如白米饭、甜食）和饱和脂肪（如油炸食品）。

增加蛋白质：鸡胸肉、鱼、鸡蛋、豆类，搭配膳食纤维（蔬菜、全谷物）。

规律饮食：避免暴饮暴食，减少夜宵。

2. 运动计划

有氧运动：每周150分钟中等强度（如快走、骑自行车），目标减脂。

力量训练：每周3次，重点训练大肌群（腿、背、胸），提升肌肉量和代谢率。

灵活性训练：加入瑜伽或拉伸，缓解肌肉紧张。

3. 健康监测

定期测量体脂率、腰围（男性应<90cm）。

监测血压和空腹血糖，警惕代谢异常。

若静息心率持续偏高（>85），建议就医排查甲状腺功能或心血管问题。

总结

你当前的主要风险是与肥胖相关的代谢疾病和肌肉力量不足，需通过饮食、运动和生活习惯综合干预。建议从今天开始制订可执行的计划，例如每日快走30分钟，每周3次力量训练，并逐步调整饮食结构。如有条件，可咨询营养师或健身教练制订个性化方案。

02 让DeepSeek制作一份可执行的计划，最好有具体的时间范围。

提示词

请根据上面分析的数据，帮我做一份3月20日到4月20日的饮食计划和运动计划。每天运动的时间最好安排在每日18:30~21:30这个时间段，目标是减重15kg；饮食方面请根据上面的建议给我一份每日菜谱。在运动开始前半个小时请提醒我，请生成ICS代码。

DeepSeek提供的方案

以下是为你定制的3月20日~4月20日饮食运动计划，包含每日菜谱、运动安排和ICS日历代码（可直接导入手机提醒）。

注意：减重15kg的目标需严格配合计划执行，但健康减脂的推荐速度为每周0.5~1kg，此计划强度较高，请根据身体反应进行调整。

时间	内容	热量
加餐 10:30	1小把原味坚果（约15g）＋1个苹果	150千卡

续表

时间	内容	热量
午餐 12:30	150g煎鸡胸肉/清蒸鱼 + 1碗杂粮饭（生重60g）+ 200g水煮西兰花/菠菜	500千卡
加餐 15:30	1杯无糖希腊酸奶（100g）+ 1根黄瓜	100千卡
晚餐 18:00	150g豆腐/瘦牛肉 + 200g凉拌木耳/芹菜 + 1根玉米	450千卡
运动后加餐	1勺乳清蛋白粉（30g）+ 1根香蕉（可选，仅限高强度训练日）	200千卡

一、饮食计划（每日1800~2000千卡）

核心原则：

1. 戒糖，戒油炸食品，全天饮水≥2.5L；

2. 蛋白质占比40%（150~180g/天），碳水占比30%（低GI为主）；

3. 晚餐需在运动前1.5小时完成。

二、运动计划（每日18:30~21:30）

每周6天训练（周日休息），分阶段强化。

第一阶段（3.20~4.5）：适应性训练

18:30~19:00 热身：动态拉伸10分钟 + 快走10分钟。

19:00~20:00 有氧运动：椭圆机/游泳（中等强度，心率120~140次/分钟）。

20:00~20:30 力量训练：

深蹲 3组×15次；

跪姿俯卧撑 3组×12次；

哑铃划船（5kg）3组×15次。

20:30~21:00 拉伸放松：泡沫轴滚动 + 静态拉伸。

第二阶段（4.6~4.20）：强度提升

18:30~19:00 热身：开合跳5分钟 + 动态拉伸。

19:00~19:40 高强度间歇（HIIT）：20秒快跑/跳绳冲刺 + 40秒慢走，重复15轮。

19:40~20:40 力量训练：

哑铃推举（7.5kg）4组×12次；

保加利亚分腿蹲 3组×12次/腿；

平板支撑 3组×45秒。

20:40~21:10 低强度有氧：坡度走（跑步机坡度12°，速度4.5千米/小时）。

21:10~21:30 拉伸。

三、ICS日历代码（含运动提醒）

将以下代码保存为 .ics 文件，导入手机日历（如iPhone/安卓）。

```
BEGIN:VCALENDAR
VERSION:2.0
PRODID:-//Health Plan//EN
BEGIN:VEVENT
UID:plan1@health
DTSTAMP:20240319T120000Z
DTSTART:20240320T110000Z
DTEND:20240420T140000Z
RRULE:FREQ=DAILY;INTERVAL=1
SUMMARY:运动前半小时提醒（18:00开始准备）
DESCRIPTION:请补充200ml水，检查运动装备。
BEGIN:VALARM
TRIGGER:-PT30M
ACTION:DISPLAY
DESCRIPTION:运动准备提醒
END:VALARM
END:VEVENT
BEGIN:VEVENT
UID:plan2@health
DTSTAMP:20240319T120000Z
DTSTART:20240320T103000Z
DTEND:20240420T213000Z
RRULE:FREQ=DAILY;INTERVAL=1;BYDAY=MO,TU,WE,TH,FR,SA
SUMMARY:运动时间（18:30~21:30）
DESCRIPTION:今日计划:{{根据阶段替换为具体内容}}
LOCATION:健身房/家庭
END:VEVENT
END:VCALENDAR
```

四、注意事项

体重目标调整：15kg/月属于极端减重，可能引发肌肉流失、代谢损伤，建议调整为 4~6kg/月。

健康监测：若出现头晕、心悸或关节疼痛，立即停止运动并就医。

睡眠保障：每日23:00前入睡，否则睡眠不足会阻碍脂肪分解。

执行建议：每天早晨空腹称重并记录体围（腰、臀），每周拍照对比体形变化。如需个性化调整，可提供更多数据（如血压、血糖）。

03 将ICS代码复制并粘贴到TXT文本中，保存文件并将文本文件的扩展名修改为".ics"。将ICS文件导入手机或计算机的日历中。由于篇幅有限，这里仅展示计算机日历的导入方法图示，如图6-1所示。

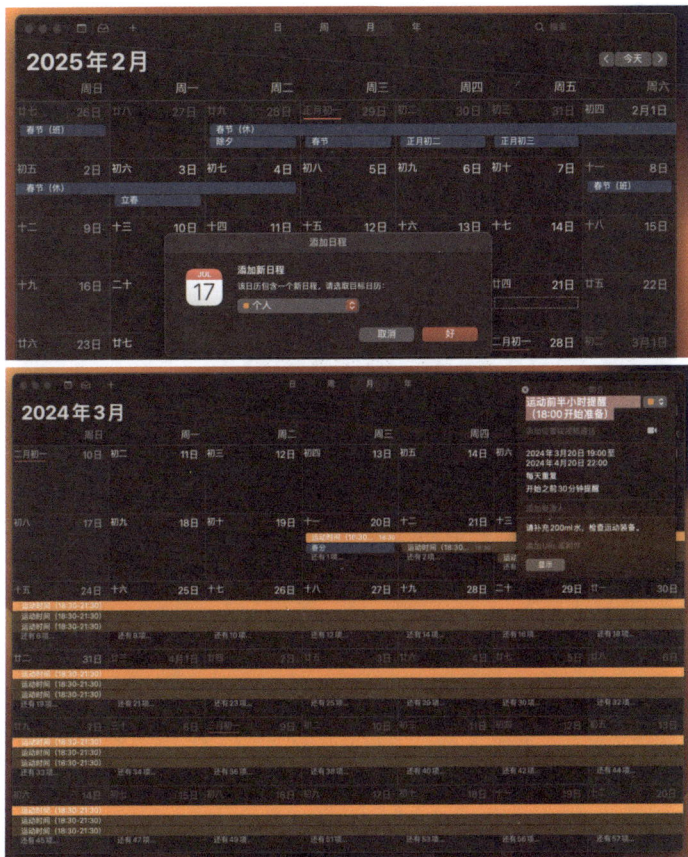

图6-1

6.2 不会写代码也能编程

DeepSeek内置了强大的代码编辑功能，为编程新手带来福音。以往，晦涩复杂的语法和令人望而生畏的数学公式常常成为阻碍初学者入门的高墙，使得无数充满热情的"小白"止步不前。而AI的出现彻底改变了这一局面，很多AI工具都能够辅助编程，显著降低了编程的门槛，让没有任何技术背景的普通用户也能轻松驾驭代码。DeepSeek也具备这一功能。

DeepSeek内置了一项鲜为人知却极具价值的功能，即"HTML实时渲染能力"。这一隐藏"宝藏"允许用户直接在界面中运行编写好的HTML代码，即时呈现精美网页效果。该功能特别适合创建视觉丰富的日报、简报、通知或其他需要结合图文呈现的专业内容，使普通用户无须掌握复杂的网页开发技术，也能轻松制作出专业级的可视化内容。这种所见即所得的体验大大简化了从创意到成品的过程。接下来将通过实例带领读者探索这一强大功能的完整应用流程及创作技巧。

01 启用DeepSeek的网络连接功能（联网搜索），并指示DeepSeek生成HTML代码，点击"运行HTML"按钮，如图6-2所示。

提示词

帮我整理过去24小时发生的和AI相关的事情，并使用HTML把内容做成一个精美的日报模板。

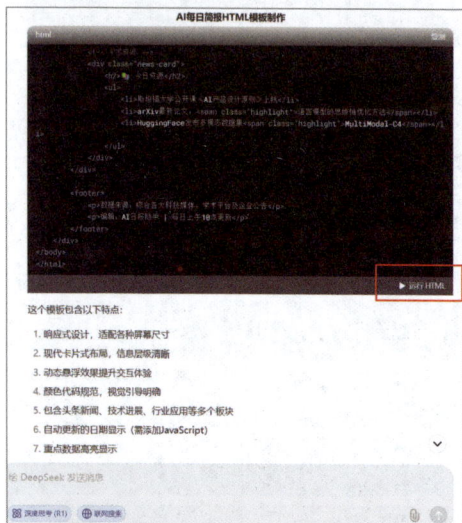

图6-2

02 直接打开网页，查看DeepSeek设计的日报，如图6-3所示。

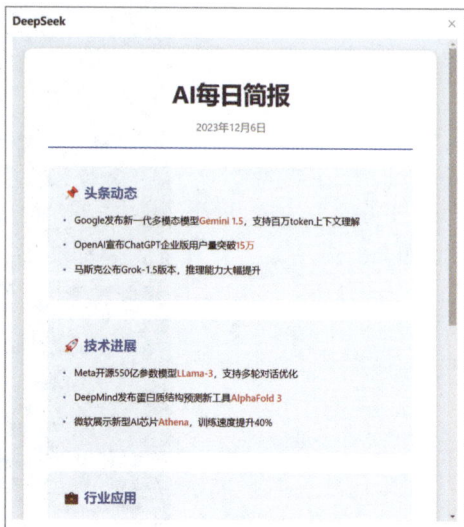

图6-3

6.3 财务规划

DeepSeek在金融模型构建和市场分析方面展现出了非凡的精准度和效率。其算法不仅融合了传统金融理论，还结合了先进的机器学习技术，能够在复杂多变的市场环境中提供更加稳健的资产配置方案。这种源自专业量化基金实战经验的技术积累，为用户带来了接近专业投资机构水准的资产管理能力，在风险评估和收益优化之间取得了令人印象深刻的平衡。

6.3.1 资产规划助手

在资产配置的阶段，我们可以尽可能明确当前希望规划的金额，然后让DeepSeek提供资产配置的建议。

提示词

请你帮我做一个100万元的资产配置，可以包含理财和存款，请给出具体的操作建议。

DeepSeek提供的方案

以下是为您制订的100万元资产配置方案，结合安全性、流动性和收益性，分为保守型、平衡型、进取型三类，您可根据自身风险偏好选择。

一、基础配置逻辑（通用原则）

1. 流动性储备：预留3~6个月生活费的紧急资金（10%~15%）。
2. 风险分散：存款、理财、权益类资产按比例分配。
3. 收益增强：通过阶梯存款、低风险理财和适度权益投资提升收益。
4. 税收优化：善用存款利息免税政策（单家银行50万以内存款保险覆盖）。

二、具体配置方案

方案1：保守型（低风险，年化2.8%~3.5%）。

资产类别	比例	配置方式	预期年化收益
现金管理	15%	- 5% 银行活期（应急资金）	1.5%~2%
		- 10% 货币基金（如余额宝/银行T+0理财）	
存款类	60%	- 20% 1年期大额存单（2.15%）	2.15%~2.75%
		- 20% 3年期大额存单（2.65%）	
		- 20% 5年期国债（2.75%）	
固收理财	25%	- 15% 银行R2级理财（3.2%~3.8%）	3%~4%
		- 10% 纯债基金（中短债）	

方案2：平衡型（中风险，年化4%~5.5%）。

资产类别	比例	配置方式	预期年化收益
现金管理	10%	货币基金+国债逆回购（兼顾收益与灵活性）	2%~2.5%
存款类	40%	- 阶梯存款法：将40万分为5万×8笔，分别存 1/2/3年到期自动转存	2%~2.6%

资产类别	比例	配置方式	预期年化收益
固收理财	30%	- 15% 银行理财子公司的固收+产品	3.5%~4.5%
		- 10% 信用债基金	
		- 5% REITs（保障房类）	
权益类	20%	- 10% 宽基指数基金（如沪深300ETF）	5%~8%
		- 10% 均衡型主动基金	

方案3：进取型（中高风险，年化6%~8%）。

资产类别	比例	配置方式	预期年化收益
现金管理	5%	银行T+0理财	2%
存款类	30%	- 20% 3年期大额存单	2.5%~3.5%
		- 10% 结构性存款（挂钩SHIBOR利率）	
固收+	30%	- 15% 二级债基（含20%股票仓位）	4%~6%
		- 10% 可转债基金	
		- 5% 黄金ETF	
权益类	35%	- 15% 行业主题基金（新能源/科技）	8%~12%
		- 10% 美股QDII	
		- 10% 私募股权FOF	

三、操作建议

存款技巧

1. 大额存单拆分：将20万以上资金分拆存入不同银行，确保每家不超过50万存款保险限额。

2. 采用"十二存单法"：每月存入1笔1年期存款，1年后每月都有到期资金可用。

理财选择

1. 银行理财：优先选择"每日开放型"现金管理产品（如招行朝朝宝、交行活期盈）。

2. 债券基金：选择规模超50亿元、基金经理任期超3年的产品（如鹏华丰禄）。

权益投资

1. 基金定投：将权益类资金分24个月定投，平滑市场波动。

2. 行业轮动：每季度调整1次持仓，关注政策导向（如数字经济、高端制造）。

四、注意事项

风险控制

1. 权益类投资占比不超过（100－年龄）%（如40岁则不超过60%）。

2. 每半年做1次再平衡，恢复原始配置比例。

税务优化

1. 单家银行存款利息全年不超过1.8万可免税（按2%利率计算对应90万本金）。

2. 利用国债利息免税优势。

替代方案

1. 若需更高流动性：可将部分存款替换为券商收益凭证（保本型）。

2. 若追求绝对安全：增加储蓄国债配置比例。

建议每年检视一次配置，根据市场利率变化（如美联储降息周期）和自身需求调整。前期可先从保守型开始，逐步积累投资经验后再增加权益比例。

6.3.2 房产购置/投资建议

在借助DeepSeek获取房产购置/投资建议时，建议尽量启用互联网功能，以实时获取当前的房地产市场信息。

提示词

我目前有100万元现金，组合贷款综合利率3.5%，剩余100万贷款，期限为30年。请对比以下两种方案。

提前还款+剩余资产购买黄金

不还贷款，投资理财组合（黄金10%+股票基金30%+银行存款60%）

DeepSeek提供的方案

方案对比分析

基于当前3.5%的贷款利率和2025年市场环境，两种方案的核心差异在于风险收益比。

方案一（提前还款+黄金）

年化收益：提前还款相当于获得3.5%的无风险收益（节省的利息）。

黄金配置：2024年黄金年化波动率约18%，近5年最大回撤达28%（需承受价格波动风险）。

优势：确定性收益+抗通胀资产组合。

劣势：流动性锁死（100万元全用于还贷）。

方案二（投资组合）

预期收益

银行存款（60万元）：年化1.8%。

股票基金（30万元）：近3年偏股基金中位数收益 - 7.2%~+15%。

黄金（10万元）：历史年化波动率18%。

综合年化：2.1%~4.3%（需承担本金亏损风险）。

机会成本：需跑赢3.5%的贷款利率才划算。

决策树建议：

1. 风险厌恶型：选方案一，黄金配置不超过总资产的20%。

2. 风险中性型：保留30万元应急资金后，用70万元提前还贷+30万元黄金（降低杠杆风险）。

3. 风险偏好型：仅在满足以下条件时选方案二，即股票基金部分能承受20%以上回撤有持续现金流覆盖月供。

极端情景测试

若股市下跌30100×3.5%-(85-100)=3.5+15=18.5100×3.5%-(85-100)=3.5+15=18.5万元/年；

若黄金上涨40100×3.5%+10×40%=3.5+4=7.5100×3.5%+10×40%=3.5+4=7.5万元/年。

推荐策略

拆分100万元为：

50万元提前还贷（锁定1.75万/年无风险收益）；

30万元配置黄金ETF（抗通胀）；

20万元购买3年期国债（年化2.85%）。

该组合年化收益约1.75+（30×8%）+（20×2.85%）=1.75+2.4+0.57=4.721.75+（30×8%）+（20×2.85%）=1.75+2.4+0.57=4.72万元，风险低于纯投资方案。